Saverio Fiordalisi

Modélisation tridimensionnelle de la fermeture induite par plasticité

Saverio Fiordalisi

Modélisation tridimensionnelle de la fermeture induite par plasticité

Propagation d'une fissure de fatigue dans l'acier inoxydable 304L: comparaison expérimental/numérique

Presses Académiques Francophones

Impressum / Mentions légales
Bibliografische Information der Deutschen Nationalbibliothek: Die Deutsche Nationalbibliothek verzeichnet diese Publikation in der Deutschen Nationalbibliografie; detaillierte bibliografische Daten sind im Internet über http://dnb.d-nb.de abrufbar.

Information bibliographique publiée par la Deutsche Nationalbibliothek: La Deutsche Nationalbibliothek inscrit cette publication à la Deutsche Nationalbibliografie; des données bibliographiques détaillées sont disponibles sur internet à l'adresse http://dnb.d-nb.de.

Coverbild / Photo de couverture: www.ingimage.com

Verlag / Editeur:
Presses Académiques Francophones
ist ein Imprint der / est une marque déposée de
OmniScriptum GmbH & Co. KG
Heinrich-Böcking-Str. 6-8, 66121 Saarbrücken, Deutschland / Allemagne
Email: info@presses-academiques.com

Herstellung: siehe letzte Seite /
Impression: voir la dernière page
ISBN: 978-3-8381-7102-9

Zugl. / Agréé par: Poitiers, ENSMA 2014

Remerciements

Ce travail de thèse a été mené dans le Département de Physique et Mécanique des Matériaux (DPMM) de l'Institut Pprime au sein de l'Ecole Nationale Supérieure de Mécanique et d'Aérotechnique (ENSMA), située sur le site du Futuroscope.

Mes premiers remerciements sont pour mes deux directrices de thèse Catherine GARDIN et Christine SARRAZIN-BAUDOUX pour m'avoir choisi et m'avoir donné la possibilité de vivre cette importante expérience tant du côté professionnel que du côté humain. Leur disponibilité et leur courtoisie se sont avérées au moins aussi importantes que leurs très remarquables compétences scientifiques.

Je tiens à exprimer mon remerciement particulier à Jean PETIT pour son soutien et ses avis prodigués au cours du développement de ce travail. Ce mémoire traduit à la fois la pertinence et la qualité des conseils qu'il m'a prodigué pendant ces trois années.

Merci vivement à tous les trois : ce que j'obtiendrai dans ma carrière future sera, pour une grande part, grâce à vous.

Je tiens également à remercier la Région du Poitou-Charentes pour m'avoir accordé son soutien financier ; Je ne manquerai pas de la promouvoir pour la beauté de ces lieux riches et variés que j'ai eu la chance de visiter. Merci également à Francis COTTET, directeur de l'ENSMA, pour m'avoir accueilli dans son établissement et en général pour sa compréhension des nécessités des doctorants.

Parmi les permanents du laboratoire, je souhaite tout d'abord remercier Mikael GUEGUEN pour son soutien dans le développement des codes PYTHON et des modèles sous ABAQUS, et, plus généralement, pour sa disponibilité dans l'explication de concepts plus ou moins simples. Merci également à Guillaume BENOIT pour ses explications et son aide dans la réalisation des essais.

Parmi les permanents Je tiens aussi à remercier Marco GIGLIOTTI, car c'est grâce à lui que j'ai pu connaitre le laboratoire à travers ses contacts avec mon Université en Italie pendant mon Stage de Master. Merci également à tous les autres professeurs et permanents en général pour leur professionnalité et leur disponibilité.

J'adresse des remerciements très sincères à Messieurs Stéphane MARIE, Thierry PALIN-LUC, Alain COMBESCURE, Stéphane PIERRET et Fernando Jorge Ventura ANTUNES pour l'intérêt montré pour ce travail, en acceptant de faire partie de mon jury de thèse.

5

Merci également à Brigitte VIGNER, Eliane BONNEAU et Francine BAYLE pour leur gentillesse et le soutien constante pour les démarches administratives et à Jocelyne BARDEAU pour son aide dans la recherche des logements et son engagement dans la vente/achat de meubles permettant de faciliter l'installation de nous étrangers en France.

Vorrei ora ringraziare i miei colleghi e, ancor prima, amici Vincenzo, Matteo, Andrea Battista, Marco, Antonio e Marina, alcuni dei quali ho avuto modo di conoscere a Poitiers e che in questi anni mi hanno agevolato nel calarmi all'interno di questa avventura: avere delle persone su cui contare in un posto nuovo e lontano da casa rende tutto più semplice. Grazie alla nutrita truppa di italiani, specialmente ad Alessandro, Alex, Alice, Basilio e Maria Chiara, ma anche a tutti gli altri amici Erasmus con i quali durante questi tre anni ho condiviso serate indimenticabili.

Merci enfin à tous mes amis français et étrangers que j'ai rencontré au cours de ces trois ans, avec lesquels je m'efforcerai de rester en contact, ainsi que tous les collègues du laboratoire, en particulier mes collègues de bureau Tung, Pengfei (Mu), Luc, Momo et Camille. J'ai eu également la chance de partager des moments inoubliables à l'intérieur du laboratoire avec tous mes autres collègues, dans une ambiance de travail joyeuse et conviviale tant aussi importante que l'environnement scientifique. Bonne chance à tous ceux qui ont terminé leur parcours doctoral et bon courage aux autres qui bientôt le feront.

Infine, voglio ringraziare i miei amici lontani in Italia, ma vicini con il cuore e la mia famiglia con immenso affetto e riconoscenza. Mia madre Raffaella, mio padre Salvatore, mio fratello Michele, la mia fidanzata Selene, i miei nonni Angelo, Saverio, Maria, Teresa e tutti i miei zii e cugini, per essermi stati vicino e per non aver mai dubitato delle mie capacità. La vostra infinita stima e fiducia nei miei confronti mi hanno fornito le motivazioni per affrontare questa esperienza. torno da voi tutti con rinnovato entusiasmo e voglia di condividere con voi la mia rinnovata maturità ed esperienza.

THANKS, GRAZIE, MERCI

Sommaire

Sommaire

Introduction générale

Introduction générale

La maitrise de la fiabilité des structures métalliques soumises à des chargements cycliques est un objectif permanent des industries tant dans le secteur du transport (terrestre, maritime et aérospatial) que dans celui de la production d'énergie.

C'est tout particulièrement le cas des centrales nucléaires. Des travaux ont été engagés à l'échelle nationale sur un problème de fissuration d'un élément critique rencontré sur un circuit de Refroidissement du Réacteur en cas d'arrêt d'urgence (RRA) de la centrale Nucléaire de Civaux (Figure 1).

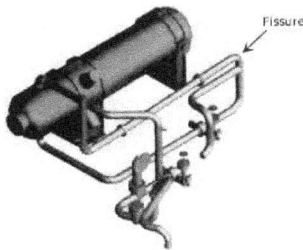

Figure 1 : Schéma du circuit RRA de Civaux en acier inoxydable 304L avant reconfiguration.

Un coude de ce circuit en acier inoxydable austénitique 304L s'est fissuré en service, sous une sollicitation de fatigue thermique, induite par un mélange de fluides chaud et froid, créant des fluctuations de température allant jusqu'à 180 °C. Ceci a généré un endommagement de type faïençage thermique, consistant en un réseau de fissures, courtes en profondeur, mais relativement longues en surface, comme montré dans la Figure 2.

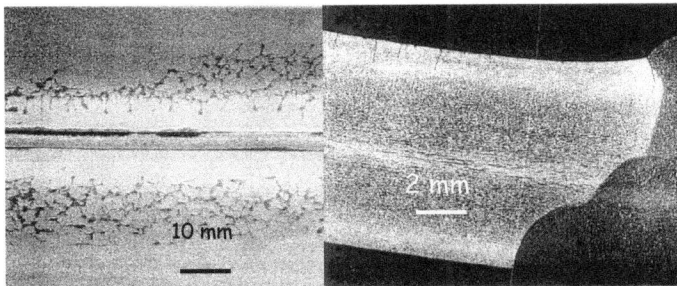

Figure 2 : Faïençage thermique dans le voisinage d'une soudure sur un coude du circuit primaire.

15

Suite à cet accident, de nombreuses études expérimentales et numériques [112-113, 119, 136] ont été menées ayant pour objectif l'amélioration des méthodes de prévision tant de l'amorçage que de la durée de vie de ce type de structure.

Dans ce contexte, la contribution du laboratoire de Physique et Mécanique des Matériaux de l'ENSMA a porté sur une étude fine de la propagation d'une fissure courte bidimensionnelle (courte en profondeur) obtenue artificiellement en portant l'attention tout particulièrement sur le rôle de la fermeture induite par plasticité.

Vor [112] a développé une simulation numérique tridimensionnelle de la fermeture pour une fissure 2D, créée dans une éprouvette CT-50, de longueur initiale de 0.1mm.

Les simulations de la fermeture à partir de la méthode globale de la complaisance [51, 109] ont été confrontées à des mesures expérimentales sur les mêmes configurations géométriques.

Les comparaisons numérique/expérimental ont permis de clairement mettre en évidence une variation de l'effet de fermeture avec la longueur de fissure, l'effet étant réduit lorsque la fissure est courte avec un bon recoupement des amplitudes globales de fermeture [116, 117]. Toutefois cette approche ne permettait pas de bien représenter les effets au bord de l'éprouvette.

En plus, au vu de nombreuses études bibliographiques, ainsi que des observations menées par Arzaghi et al.[118] sur des éprouvettes CT-50, il s'est avéré qu'une forme courbe est plus en accord avec la réalité expérimentale.

Chea [113] a abordé la problématique de la courbure du front de fissure, à l'aide de simulations élastiques en arc de cercle.

A partir de cette configuration géométrique proposée, des simulations de la fermeture ont été développées dans ce mémoire et comparées avec les fronts droits. Les résultats suggèrent que la configuration réelle du front semble tendre vers une valeur uniforme du facteur d'intensité de contraintes effectif le long du front de fissure. Il a été également mis en évidence la difficulté de bien prendre en compte les effets de bord.

Sur la base de cette hypothèse, lors d'une propagation contrôlée par une valeur constante du facteur d'intensité de contraintes effectif le long du front de fissure, la présente étude a porté sur la caractérisation de la fermeture induite par plasticité avec prise en compte simultanée de l'histoire de la forme du front de fissure et de l'influence de la longueur de fissure.

Dans ce but, une approche locale est développée, prenant en compte les différents effets locaux de déformation plastique, tout en gardant l'hypothèse que les conditions de validité de la Mécanique Linéaire Elastique de la Rupture sont satisfaites.

Le présent mémoire s'articule de la manière suivante :

- Le chapitre I consiste en une étude bibliographique, afin de rappeler les notions de la mécanique de la rupture et de présenter les outils nécessaires à cette étude ;

- Le chapitre II est relatif à la mise en place des différents modèles numériques sous le logiciel ABAQUS, où les fronts de fissures sont traités avec différentes géométries préétablies. Une confrontation des différents résultats numériques et des résultats expérimentaux sera effectuée ;

- Le chapitre III est consacré à la mise en place d'un outil numérique de prévision de l'évolution de la forme de fissure, basé sur les résultats obtenus précédemment, à l'aide du logiciel ABAQUS et du langage de programmation PYTHON ;

- Le chapitre IV présente les résultats des essais expérimentaux complémentaires, permettant une confrontation expérimental/numérique dans le but de vérifier la robustesse des choix retenus lors de l'élaboration du modèle numérique de prédiction de la fermeture et de l'auto-configuration du front de fissure ;

- Enfin, les conclusions et les perspectives générales seront présentées.

Chapitre I

Etude Bibliographique

I. Etude Bibliographique

1. Concepts généraux de la mécanique de la rupture

Cette partie est consacrée à la description des concepts de base de la mécanique de la rupture, ainsi que des outils, les plus fonctionnels, utilisés dans le présent travail.

La mécanique de la rupture est une science qui permet, sous certaines hypothèses, de prévoir, en fonction des dimensions d'une discontinuité existante (défaut ou fissure) et du type et de l'amplitude du chargement appliqué, la propagation ou non du défaut, ainsi que sa dimension limite qui entraîne une propagation instable.

1.1 Modes d'ouverture

Toute fissuration peut être considérée comme la superposition de 3 modes élémentaires d'ouverture (Figure 3): dans la présente étude, seul le mode I est considéré (les lèvres de la fissure se déplacent dans des directions opposées, perpendiculairement au plan de fissuration).

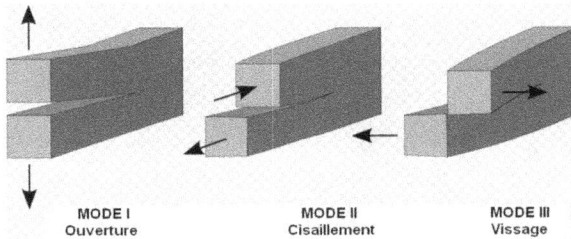

MODE I   MODE II   MODE III
Ouverture   Cisaillement   Vissage

Figure 3 : Les trois modes élémentaires de fissuration

La mécanique de la rupture permet de distinguer schématiquement, dans un milieu fissuré, trois zones successives [2]:

1) Une **zone d'élaboration**, qui se trouve à la pointe de la fissure et dans le sillage laissé par la fissure tout au long de sa propagation. L'étude de cette zone est très complexe, à cause de gradients importants de contraintes et déformations qui ont fortement endommagé le matériau. La théorie classique de la mécanique de la rupture réduit cette zone à un point pour les problèmes plans et à une courbe pour les problèmes tridimensionnels.

2) Une **zone de singularité** dans laquelle les champs de déplacements, déformations et contraintes sont continus et s'expriment par une formulation indépendante de la géométrie

21

lointaine de la structure. Dans cette zone, la singularité du champ des contraintes est en $1/\sqrt{r}$ en milieu élastique linéaire.

3) Une **zone lointaine**, considérée comme non perturbée par la singularité, comprenant les champs lointains se raccordant d'une part, à la zone singulière, et d'autre part, aux conditions aux limites du chargement.

Le comportement du matériau considéré, ainsi que l'intensité du chargement appliqué déterminent le domaine d'application de la mécanique de la rupture :

- Si la plasticité reste très confinée dans la zone où la singularité est dite *dominante*, le matériau peut être traité comme élastique partout : il s'agit de la mécanique linéaire de la rupture, décrite par Irwin [1].

- Si le milieu est globalement plastique ou viscoplastique, l'étude est du ressort de la mécanique non linéaire de la rupture, ou de l'approche locale.

1.2 Champs de contraintes et de déplacements

Pour certaines configurations de structures contenant des défauts, si le matériau a un comportement isotrope et élastique linéaire, il est possible de déterminer les expressions des champs de déformation et contrainte aux alentours de la pointe de la fissure, ce dans le cadre de la mécanique de la rupture.

Westergaard [3], Irwin [1], Sneddon [4] et Williams [5] ont démontré que si on considère un système de repère polaire, tel que celui de la Figure 4, avec une origine placée en pointe de la fissure, l'état de contrainte peut être décrit par la relation suivante :

$$\sigma_{ij} = \left(\frac{K}{\sqrt{2\,\pi\,r}}\right) f_{ij}(\theta) + autres\ termes \qquad \text{(Equ.I. 1)}$$

Où :

σ_{ij} est le tenseur des contraintes ;

r et θ sont les coordonnées du système de repère polaire ;

K est le facteur d'intensité des contraintes ;

f_{ij} est une fonction adimensionnelle, dépendant du mode de chargement et de la géométrie de la pièce.

22

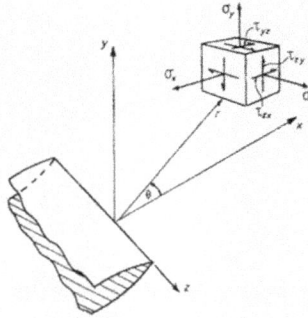

Figure 4 : Définition du système de repère avec origine en pointe de fissure

Quand r tend vers 0, et qu'on approche de la pointe de la fissure, le premier terme de l'Equ.I 1 tend vers l'infini et les autres termes restent constants ou tendent à s'annuler. L'équation décrit alors une singularité de type $1/\sqrt{r}$.

Quel que soit le type de chargement, l'état des contraintes aux alentours de la pointe de la fissure est toujours décrit par l'Equ.I.1 , tandis que K et f_{ij} dépendent du chargement et de la géométrie de la pièce et de la fissure.

Le facteur d'intensité des contraintes K est généralement noté avec un indice différent correspondant au mode de chargement, notamment K_I, K_{II} et K_{III}.

Le champ de contraintes peut alors s'écrire de la manière suivante pour le mode I d'ouverture :

$$\sigma_{xx} = \frac{K_I}{\sqrt{2\pi r}}\cos\left(\frac{\theta}{2}\right)\left[1 - \sin\left(\frac{\theta}{2}\right)\sin\left(\frac{3\theta}{2}\right)\right]$$

$$\sigma_{yy} = \frac{K_I}{\sqrt{2\pi r}}\cos\left(\frac{\theta}{2}\right)\left[1 + \sin\left(\frac{\theta}{2}\right)\sin\left(\frac{3\theta}{2}\right)\right]$$

$$\tau_{xy} = \frac{K_I}{\sqrt{2\pi r}}\cos\left(\frac{\theta}{2}\right)\sin\left(\frac{\theta}{2}\right)\cos\left(\frac{3\theta}{2}\right) \qquad \text{(Equ.I. 2)}$$

$$\sigma_{zz} = 0 \text{ en état de contrainte plane}$$

$$\sigma_{zz} = \upsilon\left(\sigma_{xx} - \sigma_{yy}\right)\text{en état de déformation plane}$$

$$\tau_{xz}, \tau_{yz} = 0$$

De la même manière, le champ de déplacements est décrit par les relations :

$$u_x = \frac{K_I}{2\mu}\sqrt{\frac{r}{2\pi}}\cos\left(\frac{\theta}{2}\right)\left[\kappa - 1 + 2.\sin^2\left(\frac{\theta}{2}\right)\right]$$

$$u_y = \frac{K_I}{2\mu}\sqrt{\frac{r}{2\pi}}\sin\left(\frac{\theta}{2}\right)\left[\kappa + 1 - 2.\cos^2\left(\frac{\theta}{2}\right)\right]$$

(Equ.I. 3)

Où μ est le module de cisaillement et avec $\kappa = 3 - 4\nu$ en état de déformation plane et $\kappa = \left(3 - \nu / 1 + \nu\right)$ en état de contrainte plane.

Une zone de singularité peut être finalement définie, pour laquelle r est suffisamment petit pour que le groupe d'équations Equ.I.2 et Equ.I.3 puisse bien décrire l'état de contrainte et déplacement près de la pointe de la fissure.

1.3   Facteur d'intensité de contraintes

Toujours dans le cadre toujours de la mécanique linéaire de la rupture, le facteur d'intensité des contraintes K est le seul paramètre significatif, qui permet de connaître l'état de contrainte et de déformation en toute pointe de fissure.

Pour une fissure sollicitée en mode I d'ouverture, la relation entre la sollicitation lointaine normale à l'axe de fissure σ et le facteur d'intensité de contraintes K_I est la suivante :

$$K_I = Y.\sigma\sqrt{\pi.a}$$

(Equ.I. 4)

Où Y est un facteur géométrique, fonction de la géométrie et de la taille de la fissure a.

Le facteur d'intensité de contrainte caractérise l'état de contrainte en pointe de fissure: de nombreuses expressions analytiques ont été proposées pour sa détermination. L'expression analytique de cet état de contrainte n'existe que pour des conditions simplifiées de géométrie et de sollicitations. Dans le cas général, il est alors nécessaire d'utiliser différentes méthodes couplées à la méthode des éléments finis.

Le facteur d'intensité des contraintes peut être alors estimé en utilisant les informations des champs de contraintes et de déplacements ou avec des méthodes énergétiques.

Parmi les méthodes d'extrapolation des variables au voisinage du front de fissure, les plus utilisées sont les *méthodes des contraintes* et *des déplacements*. Les informations des champs de contraintes et déplacements dans les Equations I.2 et I.3 sont utilisées et pour $\theta = 180°$ et $\theta = 0°$, respectivement pour les méthodes de *déplacements* et *contraintes*, les valeurs sont obtenues par extrapolation linéaire vers la pointe de la fissure, à savoir pour r tend vers 0 [12- 14].

La méthode des contraintes a été utilisée dans les premiers travaux de Raju et Newman [10, 11] en utilisant les informations de l'Equ.I.2, et successivement, puis employée par de Morais [15]. Puis, cette méthode ne demande aucune hypothèse de contrainte ou déformation plane, ce qui constitue un avantage par rapport à la méthode d'extrapolation des déplacements.

Plusieurs auteurs ont toutefois opté pour la méthode des déplacements (Equ.I.3) [13, 14, 16, 20,74-76 147- 150], étant celle-ci plus stable que celle des contraintes. En effet, les forts gradients de contraintes près de la pointe de la fissure ont tendance à fausser les valeurs extrapolées. De plus, par la méthode des éléments finis, le champ de déplacements est obtenu directement, alors que le champ de contrainte est obtenu par dérivation du champ de déplacements (champ de déformations).

Afin d'obtenir une représentation correcte du champ de déplacements près de la pointe de la fissure des éléments quadratiques dits singuliers (voir Figure 5) sont employés, comme suggéré par Barsoum [20] et Henshell et Shaw [21]. La singularité de type $1/\sqrt{r}$ pour les champs de contraintes est obtenue en déplaçant tous les nœuds intermédiaires des éléments autour de la pointe de la fissure à un quart de distance des nœuds appartenant au front de fissure considéré.

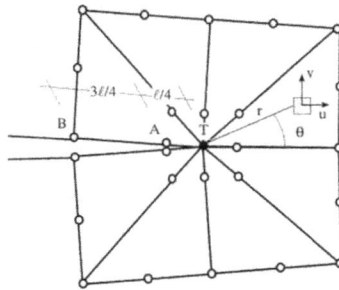

Figure 5 :Element singulier et coordonnées pour la description du champ de deplacement près de la pointe de la fissure.

Guinea et al. [16] ont comparé trois possibilités différentes d'estimation du facteur d'intensité de contraintes en fonction des déplacements du nœud intermédiaire :

$$K_I = \frac{E'}{12} \sqrt{\frac{2\pi}{\ell}} (8v_A - v_B) \qquad \text{(Equ.I. 5)}$$

$$K_I = \frac{E'}{2} \sqrt{\frac{2\pi}{\ell}} v_A \qquad \text{(Equ.I. 6)}$$

$$K_I = \frac{E'}{4} \sqrt{\frac{2\pi}{\ell}} (4v_A - v_B) \qquad \text{(Equ.I. 7)}$$

Où E' est le module de Young effectif, égal à E en état de contrainte plane et égale à $E/(1 - v^2)$ en déformation plane, ℓ est la longueur de l'élément sur la Figure 5 et v_A et v_B sont les déplacements des points A et B normalement au plan de fissuration.

1.4 Méthodes énergétiques

Les méthodes énergétiques d'évaluation du facteur d'intensité des contraintes sont basées sur la notion de taux de restitution d'énergie élastique G définie par Griffith [7, 8] et modifiée par Orowan [9] et Irwin [22].

$$G = -\frac{\partial \Pi}{\partial A} \qquad \text{(Equ.I. 8)}$$

Où $\partial \Pi$ est la variation de l'énergie potentielle due à l'avancée de la fissure et ∂A est la variation de surface de l'aire fissurée. L'énergie potentielle est définie comme suit :

$$\Pi = \frac{1}{2} u^T R u - u^T f \qquad \text{(Equ.I. 9)}$$

Où u, R et f sont respectivement le vecteur de déplacements, la matrice de rigidité et le vecteur des forces appliquées.

Les méthodes énergétiques les plus utilisées sont la méthode VCE (virtual crack extension) [23-25, 151] et la méthode de l'intégrale J [26-30, 121].

Le taux de restitution d'énergie élastique G, à la position i sur le front de fissure, est par conséquent défini comme la variation négative d'énergie potentielle par rapport à un incrément virtuel du front de fissure (VCE), ∂a dans la direction normale au front à cette position :

$$G = -\frac{\partial \Pi_i}{\partial A_i} = -\frac{\partial \Pi_i}{\partial a_i \partial \ell_i} \qquad \text{(Equ.I. 10)}$$

Avec ∂a_i et ℓ_i incrément virtuel et largeur effective de l'aire ∂A_i .

La méthode de l'intégrale J a été initialement introduite par Rice [31] dans le cas d'un traitement élasto-plastique des discontinuités (Figure 6) comme suit :

$$J = \int_{\Gamma} \left(w dy - \vec{t} \frac{\partial \vec{u}}{\partial x} ds \right) \qquad \text{(Equ.I. 11)}$$

Avec :

- Γ : Contour fermé entourant la fissure ;

- ds : élément de contour ;

- w : densité d'énergie de déformation ;

- $\vec{t}$: vecteur de contrainte sur le contour ;

- $\vec{u}$: vecteur de déplacement.

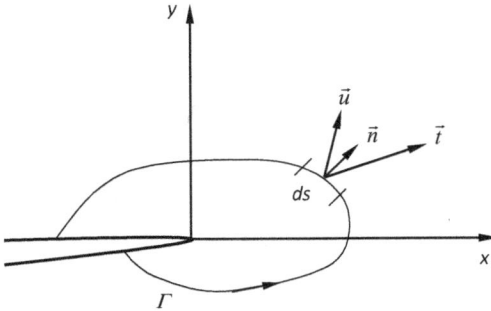

Figure 6 : Intégrale J de contour.

Shih et Moran [32, 33] ont alors développé, en utilisant le théorème de la divergence, une formulation équivalente à celle proposée par Rice [31], afin d'adapter à l'approche numérique par la méthode des éléments finis :

27

$$J = \int_{A^*} \left[\sigma_{i,j} \frac{\partial u_j}{\partial x} - w\delta_{1j} \right] \frac{\partial q}{\partial x_i} dA \qquad \text{(Equ.I. 12)}$$

Où A^* est l'aire de la surface comprise entre les contours Γ_0 et Γ_1, comme montré en <u>Figure 7</u>, et q est une fonction lissée au choix qui doit être égale à 1 sur Γ_0 et 0 sur Γ_1.

L'<u>(Equ.I. 12)</u> peut être écrite sous la forme discrétisée qui nous permet d'évaluer l'intégrale J par la méthode des éléments finis en 2D :

$$J = \sum_{A^*} \sum_{p=1}^{m} \left\{ \left[\left(\sigma_{ij} \frac{\partial u_j}{\partial x} - w\delta_{1i} \right) \frac{\partial q}{\partial x_i} \right] det\left(\frac{\partial x_j}{\partial \xi_k} \right) \right\}_p w_p \qquad \text{(Equ.I. 13)}$$

Avec :

- m : nombre de points de Gauss ;
- w_p : points d'intégration ;
- ξ_k : coordonnées des éléments dans les repères locaux.

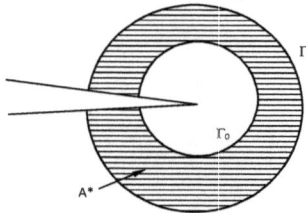

Figure 7 : Evaluation de J par une intégrale de domaine

Pour un matériau globalement élastique, il est démontré que le taux de restitution d'énergie G est directement lié au facteur d'intensité de contrainte [34]:

$$G = \frac{\kappa + 1}{8\mu} K_I^2 \qquad \text{(Equ.I. 14)}$$

Avec $G = J$ sous hypothèse d'élasticité

Avec μ module de cisaillement et v coefficient de Poisson.

La commande * CONTOUR INTEGRAL sur ABAQUS permet la détermination de l'intégrale J. Elle requiert en particulier la donnée des nœuds formant le front de la fissure, pour le cas 3D, et le nombre de contours sur lesquels la détermination de l'intégrale J sera effectuée.

Sur la <u>Figure 8</u> sont montrés les contours définis par ABAQUS dans un calcul tridimensionnel : après calcul, le logiciel donne les valeurs de l'intégrale sur les différents contours, ainsi que les valeurs correspondantes du facteur d'intensité de contraintes.

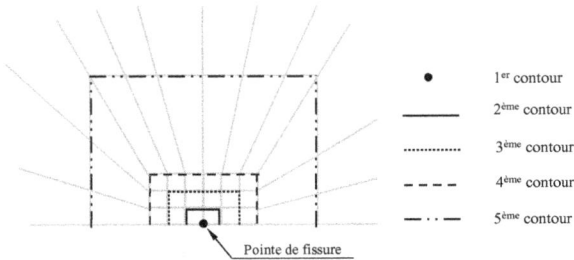

Figure 8 : Contours de calcul de J, définis par ABAQUS

En toute rigueur, les valeurs de J et K calculées doivent être indépendantes du parcours, donc du contour choisi. Cependant les résultats du calcul sont efficaces seulement à partir du deuxième contour car le premier contour est confondu avec la pointe de la fissure et le domaine A* est réduit à un seul point. On retient dans la pratique la valeur stabilisée de J.

Une dernière contribution importante à ce débat a été enfin apportée par Lin et Smith [17- 19].

Ils ont montré que si on utilise la méthode proposée par Barsoum [20] et Henshell et Shaw [21], l'orthogonalité du maillage près de la pointe de la fissure doit être imposée, afin d'éviter des oscillations dans les résultats obtenus. Cette même considération est montrée n'avoir aucun effet sur le calcul du FIC élastique avec la méthode énergétique de l'intégrale J.

2. Propagation de fissures par fatigue

2.1 Introduction à la propagation de fissures de fatigue

La fatigue est un phénomène qui modifie les propriétés locales d'un matériau, sous l'action de contraintes ou de déformations variables dans le temps, et pouvant entraîner la ruine de la structure. La rupture peut même intervenir pour des charges inférieures à la limite élastique du matériau. La plupart des ruptures de composants de structures sont dues à la fatigue [35].

La durée de vie d'une structure peut être divisée en 3 phases successives :

1) Amorçage de la fissure (d'habitude des défauts microstructuraux sont considérés préexistants dans la pièce) ;
2) Propagation d'une fissure courte ;
3) Propagation d'une fissure longue, jusqu'à la ruine de la pièce.

Les sous paragraphes suivants ont pour objet la description des fissures longues et courtes et des différents comportements pendant la propagation.

2.2 Fissures longues

Une fissure est considérée comme longue si sa longueur est grande par rapport à la taille de la zone plastifiée en pointe de fissure: la mécanique linéaire de la rupture peut alors être appliquée, dans cette condition de plasticité confinée. Paris et al. [36, 37] ont proposé l'utilisation du seul facteur d'intensité de contraintes (FIC) d'Irwin [1] pour décrire l'avancée de fissure par cycle : ils ont établi une relation empirique, dite *courbe de fissuration*, qui relie l'amplitude de la variation du FIC ΔK (définie comme la différence entre les valeurs maximale et minimale associées au chargement lointain) et la vitesse de propagation da/dN.

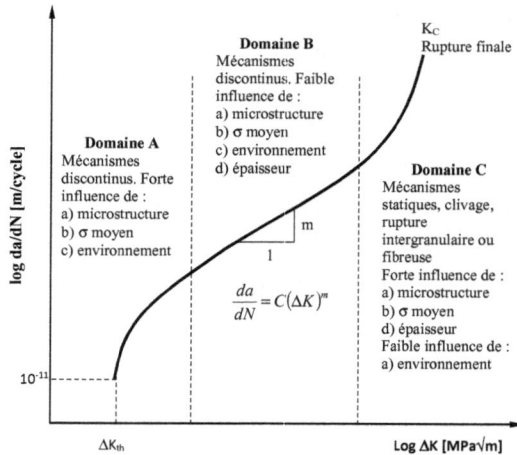

Figure 9 : Courbe de fissuration par fatigue d'une fissure longue sur une échelle bi-logarithmique

La Figure 9 présente schématiquement la courbe de propagation de fissures longues, où on distingue trois domaines principaux.

Le domaine A est caractérisé par de faibles valeurs de ΔK. La propagation dépend fortement de la microstructure du matériau et de l'effet de l'environnement. ΔK_{th} est la valeur du FIC dite de seuil, au-dessous de laquelle il n'y a plus de propagation.

Le domaine B est le domaine de Paris (ou linéaire), correspondant à une propagation stable. Il peut être décrit selon la relation :

$$\frac{da}{dN} = C(\Delta K)^m \qquad\qquad \text{(Equ.I. 15)}$$

C et m sont les paramètres dépendant du matériau, déterminés expérimentalement. Toutefois, la loi de Paris n'est pas universelle: elle ne prend pas en compte l'effet de l'environnement, l'histoire du chargement, ni l'effet du rapport de charge $R = \frac{P_{min}}{P_{max}}$.

Le dernier domaine C correspondant aux fortes valeurs de ΔK. La propagation s'accélère jusqu'à la rupture du matériau une fois que la ténacité K_c est atteinte.

2.3 Fissure courtes

Pearson [38] a démontré que la propagation de fissure est basée sur l'étendue du facteur d'intensité des contraintes ΔK, si les conditions de la mécanique linéaire de la rupture sont satisfaites. Toutefois de nombreuses études [39-50] ont montré un comportement atypique pour les fissures dites courtes, vis-à-vis du comportement décrit par Paris [36, 37] pour les fissures longues, comme il est montré en Figure 10.

31

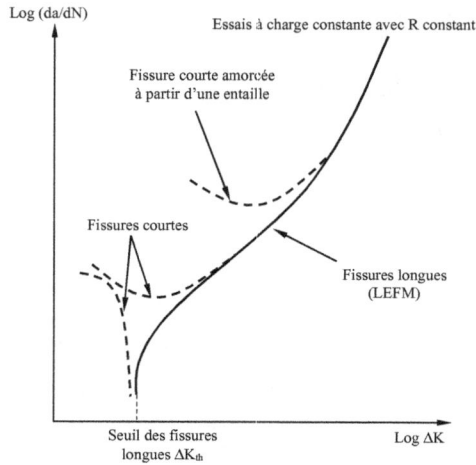

Figure 10 : Variation du comportement en propagation de fissures courtes par rapport à la courbe de fissuration de fissures longues.

Ce diagramme montre des vitesses de propagation bien plus élevées pour des fissures courtes, par rapport à celles des fissures longues.

On peut également noter une propagation des fissures courtes au-dessous de la valeur du seuil des fissures longues, ainsi que des ralentissements lorsque la taille du défaut augmente, pour rejoindre finalement la vitesse des fissures longues.

Plusieurs auteurs ont expliqué ce comportement atypique par l'interaction avec la microstructure, notamment avec les joints de grain [49, 50].

Petit et Zeghloul [48], ainsi que d'autres auteurs [43-47], expliquent ce comportement par le phénomène de la fermeture, lié soit à l'état de déformation en pointe de fissure (voir paragraphe 2.4), soit au déplacement relatif des lèvres de la fissure.

Dans le cadre du matériau de l'étude, la fermeture induite par plasticité est un facteur dominant, qui gère la vitesse de propagation.

Les fissures courtes, qui ont nécessairement un sillage plastique limité, montrent une vitesse plus élevée, puisque les effets de fermeture, dont les principales causes seront détaillées plus tard, sont moins prononcés que pour les fissures longues.

On peut distinguer 2 familles de fissures courtes, en fonction des paramètres intervenant sur la propagation par fatigue :

32

- *Fissure Microstructuralement Courte (FMC):* la longueur de fissure est inférieure ou de l'ordre de grandeur de la distance entre les premières barrières microstructurales. Le comportement est fortement dépendant de la microstructure du matériau ;

- *Fissure Physiquement Courte (FPC)* : la longueur de fissure est supérieure à celle de la microstructure, mais comparable à la zone plastifiée au front de fissure. Son comportement est moins influencé par l'effet de barrière de microstructure.

On peut aussi définir les *fissures courtes 3D* qui présentent deux dimensions caractéristiques petites par rapport à la microstructure du matériau (FMC) ou à la taille de la zone plastifiée en pointe de fissure, comme montré dans la Figure 11(a).

Les *fissures courtes 2D* présentent une seule longueur caractéristique petite (Figure 11(b)).

La propagation d'une FPC 2D est le cas de la présente étude : la propagation n'est pas influencée par la microstructure, de façon que les concepts de la mécanique linéaire de la rupture soient applicables.

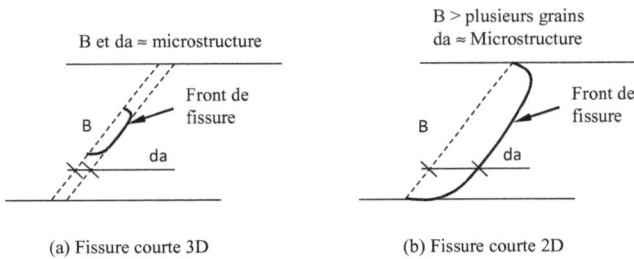

B et da ≈ microstructure

B > plusieurs grains
da ≈ Microstructure

Front de fissure

Front de fissure

B   B

da   da

(a) Fissure courte 3D   (b) Fissure courte 2D

Figure 11 : Représentation schématique des fissures courtes 3D et 2D.

2.4   Phénomène de fermeture

Le phénomène de fermeture consiste en la remise en contact prématurée des lèvres de la fissure pendant les cycles de chargement [51], la fissure est alors considérée comme inopérante.

La fissure s'ouvre à partir d'une certaine valeur de charge P_{op}, qui correspond à la valeur du facteur d'intensité de contraintes K_{op}, pendant le cycle de chargement et se referme à partir de la valeur P_{cl} (K_{cl}) pendant la décharge.

Elber [51] a alors proposé le concept de chargement effectif ΔK_{eff} qui correspond à l'amplitude de la charge au cours du cycle où la fissure se propage effectivement (Figure 12).

$$\Delta K_{eff} = K_{max} - K_{op} \qquad \text{(Equ.I. 16)}$$

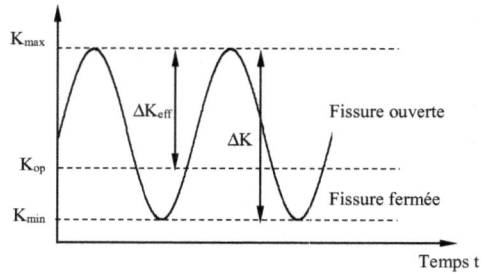

Figure 12 : Représentation de cycles de chargement avec prise en compte de la fermeture.

On définit le taux d'ouverture U comme :

$$U = \frac{K_{max} - K_{op}}{K_{max} - K_{min}} = \frac{\Delta K_{eff}}{\Delta K} \qquad \text{(Equ.I. 17)}$$

L'effet de la fermeture est dû, essentiellement, à 3 causes (Figure 13) :

- *La plasticité* [51] : l'avancée de la fissure crée une déformation plastique sur les lèvres, appelée *sillage plastique*, générant des contraintes résiduelles de compression lors de la décharge ;

- *L'oxydation* [52] : sous environnements agressifs, des dépôts de corrosion revêtent les surfaces de rupture.

- *La rugosité* [53] : la fermeture se produit par effet du contact des aspérités sur les lèvres de la fissure.

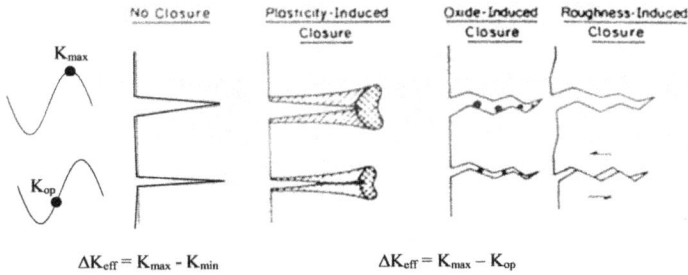

Figure 13 : Représentation de différents mécanismes de fermeture induite par plasticité [51] , oxydation [52] et rugosité [53]

Le niveau de fermeture, induit par plasticité, est fortement influencé par la taille de la zone plastifiée qui se crée en pointe de fissure :

- *Zone plastique monotone* R_p (Figure 14a) ; l'étendue de cette zone est calculée dans le cas d'un chargement monotone et peut être évaluée avec l'expression suivante, proposée par Rice [54] :

En contraintes planes

$$R_p = \frac{1}{2\pi}\left(\frac{K_{max}}{\sigma_0}\right)^2 \qquad \text{(Equ.I. 18)}$$

En déformations planes

$$R_p = \frac{1}{2\pi}\left(\frac{K_{max}}{\sigma_0}\right)^2 (1 - 2v)^2 \qquad \text{(Equ.I. 19)}$$

Avec σ_0 limite d'élasticité et v coefficient de Poisson du matériau.

- *Zone plastique cyclique* R_{pc} (Figure 14b) ; En régime cyclique, la détermination analytique du champ de contrainte en pointe de fissure devient plus compliquée, à cause de la plastification inverse [55]. Le principe de superposition des distributions de contraintes, lors de la montée et de la décharge, a été, alors, proposé pour en estimer l'étendue en supposant le matériau élastique parfaitement plastique [56] ;

En contraintes planes

$$R_{pc} = \frac{1}{2\pi}\left(\frac{\Delta K}{2\sigma_0}\right)^2$$

(Equ.I. 20)

En déformations planes

$$R_{pc} = \frac{1}{2\pi}\left(\frac{\Delta K}{2\sigma_0}\right)^2 (1 - 2\upsilon)^2$$

(Equ.I. 21)

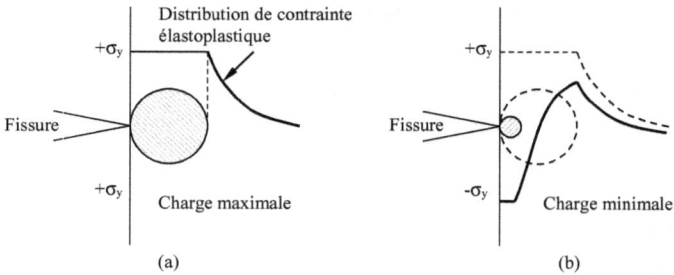

Figure 14 : Zones plastiques monotone (a) et cyclique (b)

La fermeture induite par plasticité dans le cas d'une tôle épaisse, et, notamment, son extension est différente au bord et à cœur, comme montré en Figure 15:

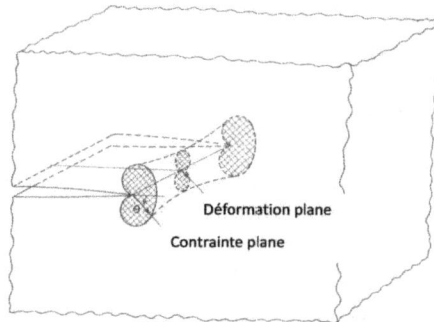

Figure 15 : Zone plastique en contraintes planes (bord) et déformations planes (cœur)

Une loi de Paris, dite effective, peut alors être proposée, qui prend en compte la fermeture [57, 58] :

36

$$\frac{da}{dN} = C\left(\Delta K_{eff}\right)^m \hspace{3cm} \text{(Equ.I. 22)}$$

On vérifie une similitude de courbes (Figure 16), lorsque la vitesse est exprimée en fonction de ΔK_{eff} (ou ΔK à R élevé), c'est-à-dire en absence de fermeture, ce qui met en évidence un comportement de propagation intrinsèque pour un matériau donné.

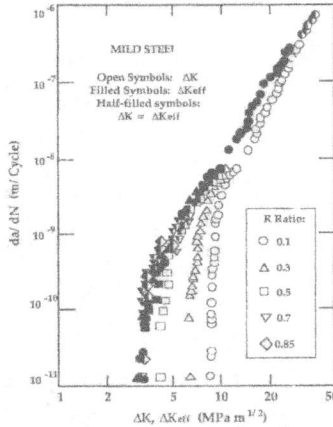

Figure 16 : Courbes de fissuration nominales et effectives, à différents rapports de charge R [57, 58].

La fermeture induite par plasticité, apparait alors le facteur dominant qui gère la vitesse de propagation, à condition que la mécanique linéaire de la rupture soit satisfaite. Ceci permet de pouvoir considérer ΔK_{eff} comme la *force motrice* de la propagation de fissures longues et physiquement courtes.

3. Simulation numérique de la fermeture de fissures par fatigue

3.1 Introduction

Cette partie est consacrée à la description des techniques numériques aux éléments finis, présentes dans la littérature, employées pour la simulation de l'évolution de la fermeture induite par plasticité au cours de la propagation de fissures.

Les études [59-61] ont pour objet une présentation assez exhaustive des principaux paramètres numériques retrouvés dans la littérature, tel que la taille minimale et le type d'élément au voisinage de l'entaille, les nombres de cycles entre chaque relâchement, ainsi que la valeur de la charge à

37

partir de laquelle il y a relâchement des nœuds pour l'avancée de la fissure. Les paragraphes suivants décrivent en détail les propositions et les contributions présentes dans la littérature.

3.2 Maillage

Le type d'éléments à utiliser, ainsi que la taille des éléments, notamment en pointe de fissure, sont des paramètres fondamentaux pour bien maîtriser les forts gradients de contraintes et de déformations au voisinage de l'entaille. En général, sont utilisés des éléments quadrangulaires linéaires dans des simulations bidimensionnelles et des éléments quadrangulaires linéaires en 3D, depuis les premiers travaux de Newman en 2D [62, 63], sur une plaque avec un défaut central et en comportement élasto-plastique parfait, et Chermahini en 3D [64, 65] sur une éprouvette M(T) en alliage d'aluminium avec une loi de comportement élasto-plastique parfaite et différentes géométries et positionnement du défaut dans la pièce (central en [64], semi-circulaire et semi-elliptique en [65]).

Plus récemment, ce choix a été adopté par de Matos et Nowell [66] dans une éprouvette M(T) en alliage de titane Ti–6Al–4V et pour un comportement élasto-plastique parfait, ainsi que par Sarzosa et al.[67], Toribio et Kharin [61] et Roychowdhury et Dodds [80].

Dans leurs travaux sur des éprouvettes M(T) en alliage d'aluminium AA6016-T4 avec combinaison d'écrouissages cinématique et isotrope non linéaires, Antunes et Rodrigues ont aussi opté pour l'emploi d'éléments linéaires en 3D [60] et 2D [68].

Le même choix a été effectué par Simandjuntak et Alizadeh [69, 70] (éprouvettes M(T) en alliage d'aluminium 2024-T351 et loi de comportement élasto-plastique parfaite) en 3D et par Gonzalez-Herrera et Zapatero [71] en 2D avec le même matériau et dans une éprouvette C(T). Gonzalez-Herrera et Zapatero [72] et Camas et al. [120- 122] ont également proposé d'utiliser des éléments hexaédriques linéaires à 8 nœuds dans la zone près de la pointe de la fissure et des éléments tétraédriques à 8 nœuds dans la partie maillée plus grossièrement.

Alizadeh et al. [73] ont aussi proposé d'utiliser des éléments quadratiques : quadrangulaires en 2D (et, par conséquent, hexaédriques en 3D) près de la pointe de la fissure et triangulaires (tétraédriques) pour relier le maillage autour de la pointe de la fissure à la partie maillée plus grossièrement.

Enfin, Branco et al. [74-76] ont employé des éléments pentaédriques singuliers [20] avec 15 nœuds placés le long du front de fissure et des éléments hexaédriques avec 20 nœuds, plus loin de la discontinuité.

En général, il est à noter que l'utilisation des éléments singuliers, couplée à la méthode d'extrapolation des déplacements [20] pour le calcul de K_{max} améliore la précision du calcul [74-

76], mais entraîne une augmentation importante des temps de calcul, à cause de la nécessité d'employer des éléments de type quadratique.

Simandjuntak et al.[77] ont montré que l'utilisation des éléments avec intégration réduite permet de réduire considérablement le temps de calcul, tout en permettant de conserver des prédictions de taux de fermeture en bon accord avec les mesures expérimentales. En effet, l'utilisation de ce type d'éléments permet de s'affranchir des problèmes de *blocage* du maillage d'un côté (souhaitable surtout pour de sévères gradients de contraintes et de déformations), mais s'expose au risque d'activation d'énergies à déformations nulles.

Solanki et Newman [59] ont montré que le taux de fermeture obtenu par l'utilisation d'éléments avec intégration complète et réduite est très comparable aussi bien pour des simulations tridimensionnelles que bidimensionnelles ; toutefois leur utilisation doit être soigneusement validée par comparaison avec les résultats obtenus avec les éléments correspondants avec intégration complète.

L'influence de la taille des éléments a_{min} dans la direction de propagation (Figure 17) sur les résultats est très importante: la discrétisation doit être, en effet, suffisamment fine pour bien décrire les champs de contrainte et de déformation en pointe de fissure, et pour bien considérer les zones plastifiées *monotone* et *cyclique* (paragraphe 2.4) [59- 60, 71, 74- 76, 81-83], comme défini initialement par Rice [54, 55] et McClung[56], puis par Irwin [22] et Dugdale [88] .

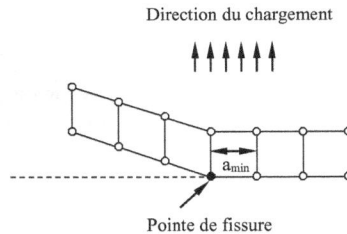

Figure 17 : Illustration des éléments au voisinage de la pointe de la fissure pour une simulation 2D

McClung et al. [81-83] ont réalisé une étude de raffinement du maillage sur 2 éprouvettes M(T) avec une fissure coin et une fissure induite par un trou central circulaire : ils ont conclu que le raffinement du maillage doit être envisagé en termes de nombre de divisions (éléments) dans les zones plastifiées monotone et cyclique.

Les raffinements utilisés dans la littérature sont très variables : Parks et al.[79] n'ont employé qu'un élément dans la zone cyclique R_{pc} avec un modèle d'écrouissage cinématique, tandis que Solanki et Newman [59] ont utilisé 3 ou 4 éléments dans cette zone et Roychowdhury et Dodds [80] 2 ou 3.

Dougherty [78] a conclu que 10 éléments dans la zone plastique monotone R_p étaient suffisants, quel que soit le type d'élément utilisé (triangulaire ou quadrangulaire), alors que Gonzalez-Herrera et Zapatero [71] recommandent l'utilisation d'un rapport entre la taille minimale dans la direction de fissuration et la zone plastique définie par Dugdale [88] inférieure à 0.03 lors de l'emploi d' éléments linéaires.

Solanki [84], ainsi que de Skinner et al [85] ont employé jusqu'à 20 éléments dans la zone monotone cyclique pour finalement conclure que 5 éléments étaient suffisants pour obtenir une bonne convergence des valeurs de fermeture prédites, tandis que Camas et al. [120- 122] ont employé, dans des simulations tridimensionnelles, des éléments linéaires avec une taille 148 fois inférieure à celle du rayon plastique défini par Dugdale [88].

Il ressort de ceci que ces considérations n'ont aucun caractère impératif : la réduction de la taille minimale des éléments dans le plan de propagation réduit le pas d'avancement de la fissure et augmente le nombre d'éléments dans les zones plastiques monotone et cyclique d'un côté, mais demande une puissance informatique plus importante [60] .

Il faut aussi considérer que les dimensions des zones plastiques cyclique et monotone dépendent fortement de la loi de comportement du matériau, ainsi que de la charge imposée, comme il est montré par les équations I.18 et I.20.

Une optimisation sera alors nécessaire afin de bien représenter ces deux zones plastiques et les gradients sévères au voisinage de l'entaille avec les nombreux cycles de chargements imposés et une loi de comportement élasto - plastique plus complexe.

En ce qui concerne le nombre de divisions dans l'épaisseur, ce paramètre a été réduit à 4 par Chermahini [64, 65], alors que de Matos et Nowell [66] ainsi que Branco et al. [74-76] ont imposé 8 divisions dans la demi-épaisseur de leurs modèles. Alizadeh et al. [73] en ont utilisé 10, alors que Camas et al. [120- 122] proposent jusqu'à 120 divisions.

Une étude fine a été menée par Gonzalez-Herrera et Zapatero [72] sur 3 éprouvettes CT d'épaisseurs respectives 3, 6 et 12 mm, pour un nombre respectif d'éléments dans l'épaisseur égal à 35, 50 et 100 respectivement. Ils ont conclu que la "zone de transition" de la zone près de la surface libre (pour laquelle des valeurs plus élevées de la fermeture induite par plasticité sont détectées) à la zone centrale de l'éprouvette (valeurs constantes) est indépendante de l'épaisseur.

Roychowdury et al. [80] ont employé 5 éléments dans la demi-épaisseur avec un maillage progressif vers le bord pour envisager les gradients sévères de contraintes et déformations près de la surface libre de l'éprouvette.

En conclusion, il apparaît qu'un raffinement du maillage près du bord soit nécessaire afin de saisir les effets près de la surface libre, tout en recherchant un bon compromis avec les temps des calculs.

3.3   Modélisation de la propagation

L'avancée de la fissure, au niveau de la simulation numérique, peut être effectuée par relâchement successif de nœuds, avec modifications des conditions aux limites aux nœuds situés en amont du front de propagation considéré, notamment en libérant le déplacement vertical U_y du nœud 1 (Figure 18) en 2D où l'ensemble des nœuds (3D) après un certain nombre de cycles de chargement.

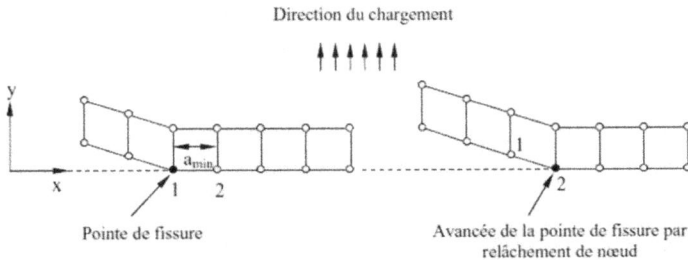

Figure 18 : Avancée de la fissure du nœud 1 au nœud 2 par relâchement de nœuds (2D)

La pointe de la fissure se déplace du nœud 1 au nœud 2 (avancée d'une taille d'élément) avec un seul relâchement à chaque avancée pour éviter les discontinuités dans le champ de déformation.

Dans la littérature on retrouve aussi d'autres propositions, basées notamment sur le *strip yield model*, théorisé par Dugdale [88], appliqué par Newman et al. [87, 89] et utilisé par Alizadeh et al. [73] comme référence.

Ce modèle a été implémenté dans des logiciels de calcul (AFGROW et FASTRAN) par Newman et Ruschau [87], utilisant les éléments finis de frontière [124], dans l'étude d'une éprouvette M(T) fissurée en alliage d'aluminium 2024-T3.

Lê Minh et al. [93] ont proposé une extension de la méthode *'steady-state'* [94, 95] dans le cas d'un chargement cyclique. Ceci permettait notamment la détermination directe (maillage fixe, sans relâchement de nœuds) des champs de contraintes et déformations autour de la pointe de la fissure, tout en réduisant les temps de calcul.

Finalement on retrouve des propositions concernant des *modèles de zone cohésive* [96, 97]. Ceux-ci considèrent la rupture comme un phénomène graduel, dans lequel la séparation des surfaces en contact se produit sur une zone, dite *cohésive*, opposée par les tractions cohésives. Cette zone ne représente aucun matériau, mais décrit exclusivement les forces cohésives qui se produisent lors de la séparation des éléments sur les lèvres.

Le nombre de cycles à imposer entre chaque relâchement est un paramètre également important, afin d'approcher correctement la réalité du phénomène.

En effet, si on veut la reproduire, le nombre de cycles N pourrait atteindre jusqu'à des milliers/millions de cycles dans certains cas, ce qui est, bien évidemment, irréalisable d'un point de vue numérique.

Comme pour la partie relative au maillage, il faudra déterminer un nombre de cycles raisonnable à imposer numériquement entre chaque relâchement.

Plusieurs auteurs ont utilisé un [67, 72, 80, 85], 2 [68, 73, 98] ou trois [99] cycles entre chaque relâchement pour réduire considérablement les temps de calcul.

Branco et al. [74, 76] ont proposé un calcul du nombre de cycles, entre chaque relâchement, basé sur l'algorithme d'Euler, fonction de l'avancement maximal Δa_{max} et de ΔK_{max}.

De Matos et Nowell [66] ont effectué beaucoup de tests pour finalement conclure que 2 cycles entre chaque relâchement sont suffisants dans le cas d'une propagation 2D en condition de contrainte plane, si le comportement du matériau peut être décrit par une loi élasto – plastique parfaite. Par contre le nombre de cycles en condition de propagation 2D en contrainte plane et propagation 3D n'a pas été établi, mais ils ont observé que, pour plus de huit cycles, le schéma de propagation n'a que peu d'influence sur les niveaux de contraintes prédits à la fermeture et à l'ouverture.

La valeur de la charge à laquelle le nœud est libéré, pendant le cycle, est également objet de discussion. Solanki et al [59], ainsi que McClung et al. [81], de Matos et Nowell [66], Antunes et Rodrigues [60, 68] et Branco et al. [75] ont effectué chaque relâchement à la charge minimale pour s'affranchir des problèmes d'instabilité numérique dans le champ de déplacements.

Alizadeh et al. [73] ont observé que le relâchement à la charge maximale de chaque cycle comportait une surestimation de la fermeture, par rapport aux schémas de relâchement à la charge minimale et à un niveau préétabli de la phase de charge ou décharge. Par conséquent ils ont retenu le choix de relâcher à la charge minimale.

Zhang et al. [100] ont réalisé des relâchements pour trois différents niveaux de charge, à savoir 10%, 50% et 100%, pour finalement obtenir très peu de différences des champs de déplacements et de très faibles écarts entre les champs de contraintes à l'ouverture et à la fermeture [59].

Sarzosa et al. [67] ont effectué des relâchements des fronts de propagation à la charge maximale, ainsi que Hou [148, 149].

Borrego et al. [99] ont utilisé 3 cycles pour retirer, pendant la phase de décharge, la déformation en excès lors du relâchement à la charge maximale.

Enfin, Gonzalez-Herrera et Zapatero [71] considèrent que la libération des nœuds à la charge maximale est le choix ayant le plus de sens physique, les instabilités numériques en tension restant réduites. Par conséquent un pas additionnel, avec chargement constant, a été ajouté afin de stabiliser les conditions aux limites après le relâchement.

Malgré les nombreuses propositions, aucune ne représente correctement le processus réel de propagation, puisque l'avancée de fissures s'avère être un processus progressif tout au cours du cycle de chargement.

Enfin, d'autres méthodes numériques différentes existent dans la littérature, avec le but d'étudier et prédire la propagation de fissures.

On parle des méthodes des éléments finis de frontière (BEM) [124- 128] ou des éléments finis étendus (XFEM) [129, 136], sans oublier de logiciels dédiés à l'étude des paramètres de la mécanique de la rupture (ZENCRACK) [137, 138] qui peuvent être facilement interfacé avec les logiciels commerciaux aux éléments finis.

3.4   Modélisation de la fermeture par plasticité

Comme il a été mentionné précédemment, la fermeture d'une fissure correspond physiquement à la remise en contact prématurée des lèvres de fissure lors d'un cycle de chargement.

Afin d'empêcher l'interpénétration des lèvres de la fissure, lors de la décharge d'un cycle, quelques mécanismes doivent être implémentés à l'intérieur du modèle aux éléments finis.

Solanki et al. [59] ont illustré les nombreuses techniques présentes dans la littérature :

- Utiliser des éléments de type *barre* ou *ressort,* attachés à la surface des lèvres ;

- Retirer ou imposer des conditions aux limites aux nœuds placés sur les lèvres ;

- Ou encore utiliser des éléments de contact.

Selon les auteurs, l'utilisation d'éléments de contact semble être la solution la plus "élégante", mais cette technique a mis en évidence quelques problèmes de convergence et, de plus, des temps d'exécution très lourds [59, 101].

Newman a été le premier à définir des éléments de type *ressort* [63] pour simuler le contact entre les lèvres de la fissure. Dans ce schéma, l'élément de type *ressort* est connecté aux deux nœuds opposés, situés dans le plan de fissuration. Pour les nœuds relâchés, la raideur du *ressort* est imposée égale à zéro, alors que, si les nœuds sont en contact, une valeur très élevée est assignée à la raideur. Cette méthode a été employée par de nombreux auteurs [64, 82, 111].

Antunes et al. [60, 68] ont envisagé des conditions de contact sans frottement des nœuds sur le plan de fissuration, dans un huitième d'éprouvette M(T), avec un plan de symétrie, placé derrière la pointe de la fissure.

Gonzalez-Herrera and Zapatero [71, 72] ont observé qu'une convergence numérique améliorée est obtenue lors de l'utilisation d'un contact *soft* avec une pénétration admissible maximale de l'ordre

43

de 10^{-11} mm, pour prédire la fermeture sur un quart d'éprouvette CT avec les logiciels ABAQUS et ANSYS.

L'emploi d'une surface rigide a été pourtant largement choisie [67, 78, 80, 98, 99] et peut être utilisé sous ABAQUS avec la définition, à la fois, d'une surface *maîtresse* et une surface *esclave* [102].

Le modèle de contact utilisé, parmi ceux qui sont disponibles sous ABAQUS [103], est celui, déjà employé par Vor [112, 115-117] et Chea [113], qui prévoit un contact normal rigide entre les nœuds sur les lèvres de la fissure et une surface analytiquement rigide, collée sur le plan de propagation, qui empêche l'interpénétration des nœuds pendant la décharge (Figure 19).

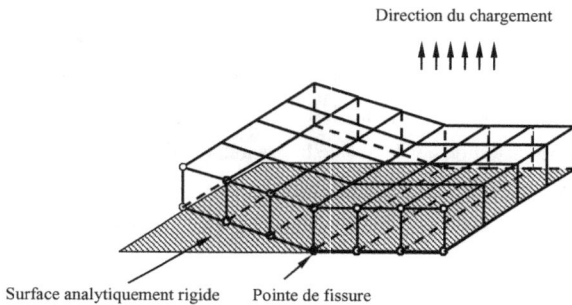

Figure 19 : Simulation de la remise en contact des lèvres de la fissure par une surface analytiquement rigide.

3.5 Détermination de la fermeture

Le phénomène de fermeture induite par plasticité sous hypothèses de déformation plane est encore jusqu'à aujourd'hui l'un des sujets les plus controversés concernant la mécanique de la propagation des fissures [66]. Il a été largement montré que le niveau de fermeture prédit en condition de déformation plane est significativement inférieur à celui en contrainte plane [81, 105, 108, 123], et s'avère même absent selon [108] ou présent, mais très faiblement selon McClung et al. [81]. En particulier, comme la charge à l'ouverture P_{op} est supérieure en condition de contrainte plane, la fermeture se révèle être, alors, supérieure sous cette hypothèse [59, 66, 108, 123].

La technique utilisée pour la détermination des charges à l'ouverture P_{op} et à la fermeture P_{cl} se révèle jouer un rôle crucial pour la prédiction de la fermeture induite par plasticité.

Par conséquent, les hypothèses de travail en 2D (contrainte ou déformation plane) qui ont souvent été utilisées, pendant un calcul aux éléments finis, pour réduire les temps de calcul et le stockage des données, depuis les premiers travaux de Newman [62, 63, 86], sont déterminantes.

44

Des nombreux efforts ont été effectués afin de détecter des paramètres qui pouvaient quantifier l'influence des états de contrainte et de déformation planes le long de l'épaisseur de l'éprouvette dans le plan de fissure [72, 120, 122], mais il n'existe aucun accord général parmi les auteurs jusqu'à présent.

Newman [86] a été le premier à définir une équation analytique générale pour la détermination de la contrainte à l'ouverture S_{op} en fonction de la contrainte maximale imposée S_{max}, du rapport de charge R, et, surtout, du *facteur de confinement α*. Cette expression vaut 1 en état de contrainte plane et 3 en état de déformation plane.

Ensuite Liu et al. [90], Huang et al. [91], ainsi que Codrington et al. [92] ont proposé une étude plus particulière sur l'influence des effets de contrainte et déformation planes sur la structure volumique considérée. Ceci sera présenté plus en détail un peu plus loin dans ce rapport.

Dill et Saff [104] ont été les premiers à proposer une méthode basée sur l'observation des états de contraintes sur le plan de fissuration, pendant le cycle de chargement, pour l'évaluation des charges à l'ouverture et à la fermeture.

Sehitoglu et Sun [105, 106] ont considéré des problèmes de propagation en état de déformation plane, en introduisant le '*crack tip tensile load parameter*' pour la détermination de la charge à l'ouverture: celui-ci caractérise, notamment, le niveau de contrainte pour lequel les contraintes aux nœuds sur la pointe de la fissure passent d'un état de compression à celui de traction (et vice-versa pour la charge à la fermeture).

Plus récemment, Wu et Ellyin [107] ont aussi utilisé les informations du champ de contraintes en pointe de fissure. Ils ont alors proposé que, lorsque les contraintes de compression, supportées par les nœuds sur la pointe de la fissure, perpendiculairement au plan de propagation, deviennent des contraintes de traction, la valeur correspondante de la charge est alors retenue comme la charge à l'ouverture P_{op} et vice-versa pour le calcul de P_{cl}.

Toutefois, Wei et James [108] ont souligné la difficulté de ce type d'approche, en étudiant la fermeture d'une éprouvette CT en polycarbonate, en état de déformation plane. En particulier ils ont observé que, en appliquant un nombre réduit de cycles de chargement, aucun contact n'est détecté dans les zones situées juste derrière les lèvres et, en plus, la pression de contact le long du plan de fissuration présente des discontinuités très importantes.

Il en résulte de gros problèmes de convergence, non seulement entre les résultats numériques et expérimentaux, mais aussi entre les mêmes résultats expérimentaux, en fonction de la méthodologie de mesure de la fermeture adoptée.

Récemment, Alizadeh et al [70] ont proposé de déterminer le facteur d'intensité de contraintes effectif ΔK_{eff} directement par l'observation de la distribution du champ de contraintes en avant de la pointe de fissure. L'expression mise en place est la suivante, utilisant un ajustement des valeurs de la distribution de l'Equ.I.1 (avec ΔK_{eff} au lieu de ΔK).

$$\Delta\sigma(r) = \left(\frac{\Delta K_{eff}}{\sqrt{2\,\pi\,r}}\right) + Y_0 r^0 + Y_1 r^1 + autres\ termes \qquad \text{(Equ.I. 23)}$$

La technique des *déplacements de nœuds des lèvres de la fissure* consiste à suivre le déplacement des nœuds perpendiculairement au plan de fissuration pendant le cycle de charge et décharge (Figure 20).

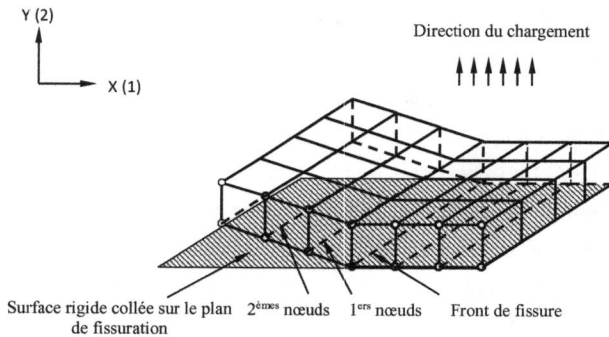

Figure 20 : Illustration des nœuds observés pour la détermination de la fermeture

La charge à l'ouverture P_{op} est déterminée comme la charge qui correspond à un déplacement U_y des nœuds proches de la pointe de la fissure qui devient positif pendant la montée d'un cycle.

De la même manière, la charge à la fermeture P_{cl} est déterminée comme la charge qui correspond à un déplacement U_y qui devient nul pendant la décharge d'un cycle (Figure 21). Il s'agit du critère le plus classique initialement proposé par Elber [51].

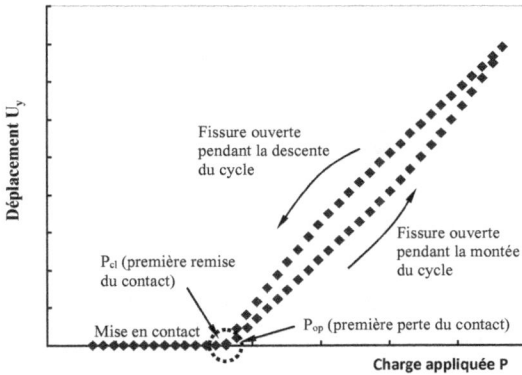

Figure 21 : Détermination des charges à l'ouverture et à la fermeture par la méthode de déplacement des nœuds

L'observation du premier ou deuxième nœud derrière le front de la fissure modifie considérablement le niveau de fermeture détecté.

En général, l'observation du premier nœud derrière la pointe de la fissure entraîne une prédiction du niveau de fermeture supérieure à celui obtenu en considérant le deuxième nœud, par la méthode de l'observation de l'état de contrainte en pointe de fissure ou bien par la méthode de la variation de la complaisance (introduite par Elber [51] et modifiée par Kikukawa [109]), comme montré par Sarzosa et al. [67].

Bueckner [110] a proposé une méthode de fonctions de poids, basée sur la détermination d'un facteur d'intensité de contraintes résiduel, associé à un état de contrainte de compression à la charge minimale d'un cycle de chargement.

Les résultats obtenus par Gonzalez-Herrera et Zapatero [71] ont montré des différences assez nettes entre les méthodes d'observation des déplacements et des contraintes près de la pointe, pour la détermination de la charge à la fermeture P_{cl} (une convergence des deux méthodes est observée dans la détection de P_{op}) : ils ont conclu, notamment que ceci était dû à des changements de comportement de la fissure pendant la décharge.

De Matos et Nowell [98] ont comparé les niveaux de fermeture prédits avec les méthodes d'observation des déplacements du premier et deuxième nœud derrière la pointe de la fissure, le champ de contrainte sur la pointe et la méthode de fonctions de poids. Ils en ont déduit que les résultats sont équivalents si les déplacements et les contraintes sont relevés tout près de la pointe de la fissure. Leurs résultats sont, notamment, en désaccord avec [71] et [108], qui ont montré que la différence entre les deux méthodes est due à l'erreur conceptuelle de calcul de la charge à la fermeture en observant l'état des contraintes à la pointe de la fissure, qui s'avère être toujours de compression pendant la phase de décharge.

La plupart des chercheurs ont opté pour la méthode des déplacements, notamment en observant le premier nœud derrière la pointe de la fissure [59, 69, 73, 77, 82, 83, 93, 99, 123].

D'autres chercheurs, comme Pommier [111] ou Rocychowdhury et Dodds [80] ont considéré l'observation du deuxième rang de nœuds derrière le front de la fissure, car les forts gradients peuvent affecter la fiabilité des résultats.

4. Comparaison des méthodes avec et sans prédéfinition de la forme des fronts de fissure : état de l'art

4.1 Introduction

La présente étude s'inscrit tout naturellement dans la suite du travail de thèse mené par Kokleang Vor (2009) [112] au sein du département de Mécanique et Physique de matériaux, à l'ENSMA de Poitiers, qui traite de l'étude du comportement en propagation de fissures longues et courtes dans un acier inoxydable 304L, abordée par une double approche numérique et expérimentale et du travail de Master 2 à l'Ensma, réalisé par Piseth Chea [113] en 2010.

4.2 Fronts de fissure prédéfinis

Dans son étude, Vor [112] a développé des simulations avec des fronts géométriques préétablis droits et chargement ΔK constant : la comparaison des résultats expérimentaux et numériques, en termes de prédiction de la fermeture, détectée avec la méthode globale de la complaisance (Kikukawa et al.[109]), montre globalement de bons accords [115- 117].

Les principaux résultats obtenus sur la détermination de la valeur limite critique de la longueur relative de fissure, appelée da_{cr}, qui marquait le passage de fissure dite *courte* à fissure *longue*, montrent deux domaines principaux:

- Un domaine de *fissure courte* où la fermeture dépend fortement de la longueur de fissure et où K_{op} croit rapidement avec la longueur jusqu'à une longueur critique da_{cr}.

- Un domaine de *fissure longue* pour $da>da_{cr}$ où la fermeture est indépendante de la longueur de la fissure, avec une valeur constante de K_{op}.

48

Les évolutions de K_{op} calculées numériquement avec la méthode *globale* de la complaisance [51, [109]], en fonction de la longueur de fissure, montraient un bon accord avec les résultats expérimentaux pour différents niveaux d'amplitude de ΔK (Figure 22a). La valeur critique da_{cr} déterminée pour les chargements imposés augmente linéairement avec ΔK comme le montre la Figure 22b).

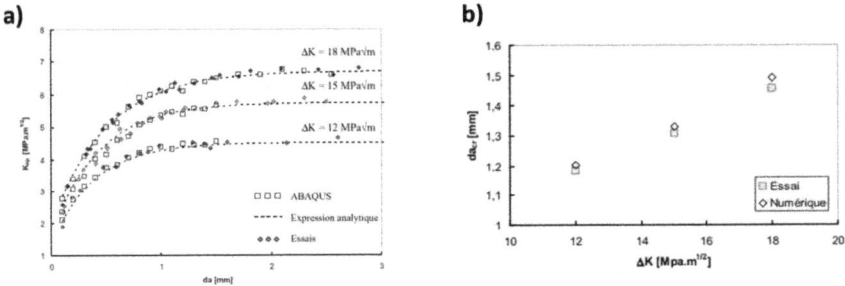

Figure 22 : Comparaison des résultats numériques et expérimentaux a) évolution de K_{op} en fonction de la longueur de fissure et b) valeurs de da_{cr} déterminées à différentes amplitudes constantes de ΔK (12,15,18 $MPa\sqrt{m}$) [112].

De plus le taux d'ouverture $U = \dfrac{\Delta K_{eff}}{\Delta K}$, pour différentes valeurs de ΔK constant s'est avéré constant et égal à 0.72, comme montré en Figure 23.

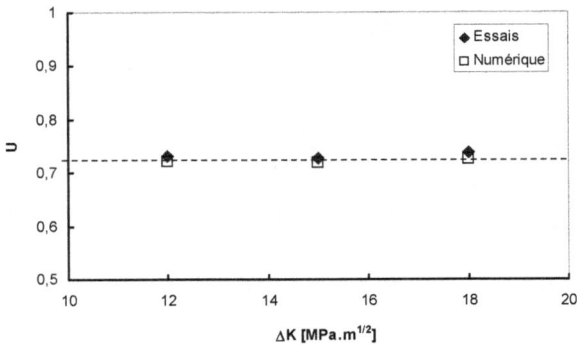

Figure 23 : Comparaison numérique/expérimental de valeurs de U à différentes amplitudes constantes de ΔK (12,15,18 $MPa\sqrt{m}$) et rapport de charge $R=0.1$ [112].

Des fronts droits de propagation ont été également considérés dans les travaux de plusieurs auteurs [71, 72, 120] et ils ont permis le choix de différents paramètres (taille minimale des éléments dans la zone de propagation, nombre de cycles entre chaque relâchement, etc.) afin de développer de nombreux modèles de prédiction de propagation de fissure.

Cependant, la fermeture prédite numériquement a été détectée exclusivement pour le nœud le plus près de la surface libre de l'éprouvette, par conséquent cette approche ne permettait pas de bien représenter les effets locaux dans l'éprouvette (état de contrainte plane au bord et de déformation plane à cœur).

En plus, les observations expérimentales ($\Delta K = 15 MPa\sqrt{m}$, $R=0.1$) récemment menées par Arzaghi et al. [118] ont montré qu'une forme courbe était plus en accord avec la réalité expérimentale, comme montré en Figure 24 pour un essai effectué avec alternance air/vide, faisant apparaitre des marquages.

Pour l'optimisation de la simulation numérique et afin d'assurer une bonne comparaison avec les résultats antérieurs [112, 113], le niveau de chargement retenu pour les simulations dans les chapitres II et III est de $\Delta K = 12 MPa\sqrt{m}$, avec un rapport de charge $R=0.1$.

D'autres conditions de chargement sont ensuite utilisées dans le chapitre IV.

Figure 24 : Essais de propagation sous transition air/vide, mené par Arzaghi et al. [118] à $\Delta K = 15 MPa\sqrt{m}$ et rapport de charge $R=0.1$ sur un acier inoxydable 304L.

Les marquages ont été réalisés pour des longueurs de propagation suffisamment longues, telles à pouvoir observer une stabilisation et reproductibilité des formes des trois fronts de fissure, ce qui sera analysé en détail dans le chapitre II.

La courbure du front de fissure peut être essentiellement expliquée par deux mécanismes qui interviennent ensemble au cours de la propagation. Le premier correspond à la fermeture induite par plasticité [51] qui intervient principalement près de la surface libre. Lorsque la charge est appliquée

50

l'ouverture se vérifie d'abord au cœur de l'éprouvette et ensuite près de la surface libre. Certains auteurs relient la courbure à un ΔK_{eff} plus faible au bord qu'à cœur, comme indiqué par Camas et al. [120, 121] sur un alliage Al-2024-T351 (loi de plasticité avec écrouissage isotrope), avec différentes valeurs de K_{max} et pour différentes épaisseurs. Lorsque la fermeture induite par plasticité est absente (rapport de charge R élevé), pour ces mêmes auteurs, la forme du front de fissure demeure droite avec quand même une petite courbure près de la surface libre.

Le deuxième facteur pouvant intervenir sur la courbure est l'évolution de l'état de contrainte le long du front de fissure avec un état de déformation plane à cœur et un état de contrainte plane prédominant sur le bord.

Bazant et al. [142], ainsi que Sevcik et al. [143] ont proposé une simulation par éléments finis de la singularité du point d'intersection entre le front de propagation et la surface libre en recherchant les conditions d'une déviation de la direction orthogonale à la surface libre (front droit).

Pook [144] a montré que ces changements d'état dépendent de la charge appliquée et du coefficient de Poisson.

Au cours de son travail de Master 2, Chea [113] a essayé, dans un premier temps, de reproduire dans le modèle numérique des formes courbes de fronts de fissure tout au cours de la propagation, à partir d'une entaille droite, dans les mêmes conditions que les modèles développés par Vor [112].

L'évolution expérimentale du front de fissure au cours de l'essai n'est pas connue : Chea a alors opté pour une évolution régulière de la fissure d'un front droit, pour la longueur de *25.1mm*, au front courbe à la longueur de *26.5mm*. Des arcs de cercle de rayon variable ont été modélisés au cours de la propagation : la longueur de fissure au bord augmente de *0.05mm* par pas d'avancement, alors qu'à cœur, l'écart entre deux pas est de *0.083mm* (sauf pour le premier, où l'écart a été imposé à *0.15mm*).

Les 29 fronts avec la forme d'un arc de cercle, determinés par Chea [113], sont montrés dans Figure 25.

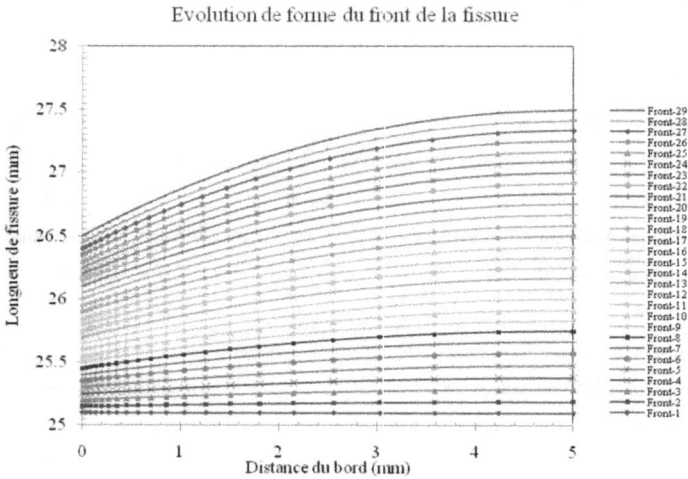

Figure 25 : Evolution de la forme du front de fissure : arc de cercle avec rayon variable en fonction de la longueur de fissure considérée [113].

Chea [113] n'a réalisé que des comparaisons de type élastique avec le modèle à fronts droits réalisé précédemment par Vor [112] en imposant $\Delta K = 12 MPa\sqrt{m}$, avec un rapport de charge $R = 0.1$ constants tout au cours des 1.5mm de propagation, en considérant la longueur de fissure mesurée au bord de l'éprouvette.

Les comparaisons des résultats élastiques des modèles à fronts droits et courbes, le long de la demi-épaisseur de l'éprouvette, sont montrées dans la Figure 26.

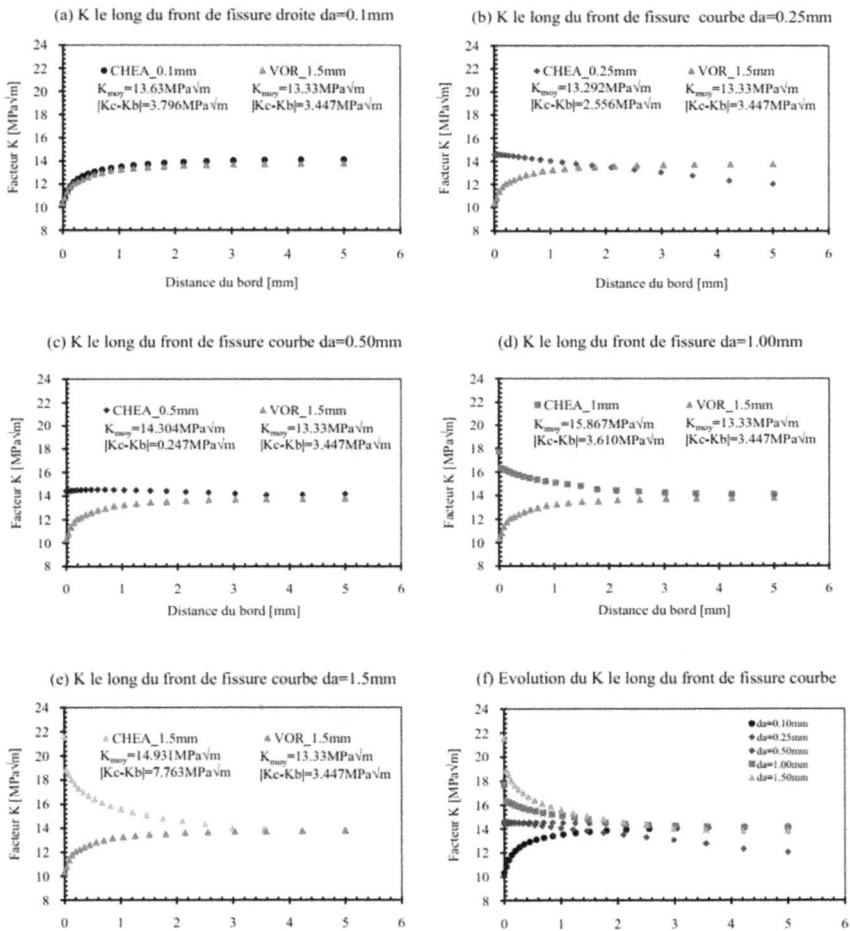

Figure 26 : Evolution du facteur d'intensité de contraintes K le long du front de la fissure pour différentes étapes de propagation.

Les comparaisons des évolutions de facteurs d'intensité de contraintes dans la Figure 26 (calculés avec la méthode énergétique) ont montré des comportements assez différents. En fait, comme attendu, le facteur d'intensité élastique de contraintes avait les mêmes valeurs dans le cas de fronts droits pour différentes longueurs de fissure (valeurs notamment plus faibles au bord et supérieures à cœur), tandis qu'une inversion de la tendance des valeurs avait été détectée lors de l'augmentation de la courbure de la forme de la fissure, à savoir lors de la propagation de la fissure (valeurs plus faibles à cœur).

Ces résultats ont été rapprochés de ceux obtenus par Branco et al. [75], qui ont également montré une influence forte de la forme du front de fissure sur la distribution du facteur d'intensité de contraintes le long du front de fissure, ce qui a été aussi analysé par Camas et al. [121].

Cependant, aucune analyse plastique locale n'a été réalisée par Chea [113] : par conséquent l'approche locale avec formes différentes de fronts de fissure a été réduite à des comparaisons simplement élastiques.

En conclusion, ces premiers modèles réalisés [112- 113] seront considérés dans ce travail de thèse dans le but de réaliser une analyse élasto-plastique local du problème.

4.3 Prédiction de l'évolution de la forme des fronts de fissure

La prise en compte simultanée de l'évolution de la forme du front de fissure en considérant la fermeture induite par plasticité d'une fissure soumise à une charge cyclique constitue un domaine assez complexe qui a été exploité par très peu d'auteurs [74- 76, 147- 150].

Le facteur d'intensité de contraintes effectif est considéré par ces auteurs comme la force motrice lors de la propagation, supposant que, quel que soit la forme initiale de la fissure l'état stabilisée doit correspondre à une distribution constante de ΔK_{eff}.

Newman [146] a développé une équation empirique pour décrire l'allure du facteur d'intensité de contraintes élastique le long d'un front de propagation de forme semi elliptique et semi circulaire, en fonction de l'angle paramétrique le long de l'ellipse (formé entre un point sur le front et la surface libre), de l'épaisseur et de la largeur de l'éprouvette, ce dans le cas d'un chargement de traction ou de flexion. Des coefficients de correction des effets de bord ont été employés pour considérer les différentes conditions de chargement, en fonction des résultats numériques en 3D obtenus précédemment par Raju et Newman [11].

Il est considéré que le front demeure semi-elliptique tout au long de la propagation, le rapport d'ellipticité pouvant varier. De plus, les seuls points utilisés pour le calcul de K sont les points du bord et à cœur, ce qui rend finalement cette approche bidimensionnelle.

Toutefois cette première proposition analytique a constitué une base solide de départ et elle a été utilisée par Hou [148, 149] et par Wu [150] dans le cas respectivement d'un défaut dans le coin et d'un défaut central dans une éprouvette d'épaisseur finie, afin de comparer les facteurs d'intensité élastique de contraintes pour différentes fissures semi-elliptiques.

Cette limitation a été dépassée grâce à la contribution fondamentale apportée par les travaux de Lin et Smith [17- 19] : en considérant trois fissures différentes initialement semi-elliptiques, l'évolution de la forme ultérieure du front de fissure est obtenue en relâchant simultanément les nœuds du front considéré (*technique du front libre*) et en utilisant une interpolation cubique pour approximer la forme prédite. La relation utilisée est la suivante :

$$\Delta a_i = \left(\frac{\Delta K_i}{\Delta K_{max}}\right)^m \Delta a_{max}$$

(Equ.I. 24)

Où :

- ΔK_{max} est la valeur maximale de la variation du facteur d'intensité de contraintes calculée le long du front de fissure avec la méthode d'extrapolation de déplacement et la méthode énergétique de l'intégrale J. Ceci est associé à l'avancée maximale Δa_{max} ;

- m est l'exposant de la loi de Paris ;

- ΔK_i est la variation du facteur d'intensité de contrainte du nœud i auquel l'avancée Δa_i est associée.

Toutefois, comme souligné par ailleurs par Branco et al.[74, 76], cette méthode, telle qu'elle a été proposée, ne prévoit pas une solution avec un front final stabilisé (distribution iso-K le long du front) quelle que soit la configuration initiale de la problématique (géométrie initiale de la fissure et condition de chargement).

Par ailleurs, la fermeture induite par plasticité n'est pas considérée dans ce modèle. La prise en compte compliquerait considérablement l'approche et, surtout, augmenterait les temps de calcul liés, avec une nécessité de remaillage de la pièce à chaque relâchement.

Les travaux de Davis et al. [151] (utilisation du taux d'énergie G) ainsi que de Sevcik et al. [143] (prise en compte de la singularité dans l'Equ.I.3) pourraient constituer des alternatives intéressantes une fois ajoutée l'influence de la fermeture induite par plasticité sur l'évolution de la forme du front.

Hou [148, 149] a essayé alors d'introduire la notion de fermeture induite par plasticité dans le modèle proposée par Lin et Smith [17- 19] : dans l'Equ.I.24 le facteur d'intensité effectif de contraintes ΔK_{eff} est introduit à la place de ΔK. Le facteur d'intensité de contrainte K_{max} est calculé avec un modèle élastique (extrapolation des déplacements avec des éléments quadratiques [20]), tandis qu'un modèle élasto-plastique parfait a été employé pour la détermination de K_{op}. La proposition prévoit que le relâchement des nœuds dans le modèle plastique est effectué à la charge maximale (qui est augmentée à chaque cycle de chargement) de chaque cycle.

A cause de l'impossibilité de transférer les champs de contraintes et de déformations d'une étape à une autre dans le modèle plastique, le maillage est conservé au cours de la propagation. Un remaillage est effectué seulement pour le modèle élastique.

Les temps de calcul sont ainsi réduits, mais les valeurs de K_{max} et ΔK_{eff} sont obtenues dans un nœud diffèrent de celui utilisé pour K_{op}.

D'autres propositions ont été effectuées par Yu et al. [147] et par Wu et al.[150].

Yu et al. [147] ont proposé la définition d'une *épaisseur équivalente*, utilisée avec le modèle de Dugdale [88] et la définition d'un *facteur de confinement* afin de bien saisir les effets 3D dans le modèle. Le matériau utilisé est un alliage d'aluminium 7075-T6.

Wu et al. [150] ont proposé un modèle de détermination itérative de la forme du front de fissure, basé sur la définition au préalable d'une fonction de distribution du facteur d'intensité de contraintes. La forme du front est ajustée itérativement afin de minimiser l'écart entre les valeurs calculées et la distribution définie à l'avance.

Enfin Branco et al. [74- 76] ont étudié l'influence de la forme du front de fissure sur la fermeture induite par plasticité dans des éprouvettes M(T) [75, 76] et C(T) [74] avec, en particulier, une éprouvette M(T) en aluminium AA6016-T4, avec une loi d'écrouissage combinée isotrope et cinématique non linéaires et un défaut central [75], et un acier inoxydable 316L dans [74].

Le schéma de propagation proposé par Lin et Smith [17- 19] dans l'Equ.I.24 a été employé et la fermeture a été intégrée dans le modèle en considérant le taux d'ouverture $U = \frac{P_{max}-P_{op}}{P_{max}-P_{min}}$, où la charge à l'ouverture P_{op} est déterminée en observant l'évolution du contact entre la lèvre de la fissure et le plan de symétrie, les nœuds étant relâchés en chaque cycle à la charge minimale.

La méthode dans [75] propose d'utiliser un modèle élasto-plastique pour le calcul préliminaire de la charge à l'ouverture P_{op} avec des fronts *droits* et ensuite d'employer un autre modèle élastique pour évaluer la forme du front de fissure. La charge à l'ouverture déterminée précédemment dans le modèle élasto-plastique avec des fronts *droits* est utilisée afin de prédire l'évolution de la forme des fronts de fissure, ainsi que les valeurs de K correspondantes, au travers d'un modèle linéaire et élastique. Enfin un nouveau calcul de type élasto-plastique, mais cette fois avec des fronts courbes est effectué et les niveaux de fermeture détectées par des formes *courbes* et *droites* sont comparés. La considération de la fermeture induite par plasticité induit une courbure accentuée de la forme ("*effet tunnel*")

Les facteurs d'intensité maximaux de contraintes K_{max} sont déterminés avec un calcul élastique des fronts droits et courbes avec des éléments quadratiques et avec la méthode d'extrapolation de déplacements [20].

Les évolutions de facteurs d'intensité maximaux et minimaux de contraintes dans l'épaisseur pour les différentes formes de fissures prédites sont reportées en Figure 27b).

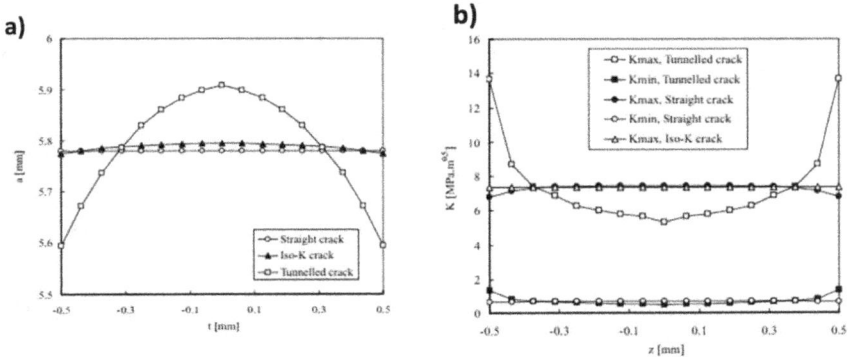

Figure 27 : a) Différentes formes de fronts de fissure et b) Evolution de K_{max} et de K_{min} dans l'épaisseur pour les différentes formes (avec $\sigma_{max} = 50\ MPa$ et rapport de charge $R = 0.1$) [75].

Dans les travaux [74, 76], différents paramètres pour la stabilisation du modèle sont étudiés, tels que l'influence de la taille minimale des éléments dans le plan de fissuration, aussi bien que l'avancée maximale Δa_{max}.

En particulier l'avancée maximale Δa_{max} est établie, pour chaque étape de la propagation, selon le rapport $\Delta a_{max}/a_{av} = 1\%$ [76] ou $\Delta a_{max}/a_{max} = 0.1\%$ [74], a_{av} et a_{max} étant la moyenne des longueurs des nœuds du front de fissure et la longueur maximale de fissure respectivement.

Il a été conclu que deux états différents de propagation sont observables : un état dit *transitoire* et un état *stable*. L'état *transitoire* est fortement dépendant de la forme initial du front de fissure et peut présenter de variations sévères de forme au cours de la propagation. Dans l'état *stable*, au contraire, la fissure suit un parcours qui dépend uniquement de l'épaisseur de l'éprouvette, du rapport de Poisson et de la fermeture induite par plasticité.

Toutefois, aucune des méthodes présentes dans la littérature ne compare effectivement la forme obtenue numériquement avec celle observée expérimentalement, sauf dans le cas [74, 76], où Branco et Antunes ont effectivement montré une comparaison de leurs résultats numériques avec des fronts obtenus en absence de fermeture (*R=0.7*) [74], ainsi que pour des rapports de charge *R=0.25* et *R=-0.25* [76].

Des aspects intéressants des différents travaux présentés ici seront adaptés au cas de cette étude avec le support des observations expérimentales.

5. Conclusions

La recherche bibliographique menée dans ce chapitre a été consacrée à la description générale des concepts de base de la mécanique de la rupture.

Il a été rappelé que les fissures dites *courtes* présentent un comportement atypique, avec une vitesse supérieure, lorsqu'elle est comparée à celle des fissures *longues,* ce qui a été expliqué par plusieurs auteurs par le phénomène de la fermeture, localisée principalement près de la surface libre de la pièce : il s'agit de la remise en contact prématurée des lèvres lors de la décharge qui produit des contraintes de compression résiduelle devant la pointe de la fissure.

Il est montré que la propagation (stade II de la courbe de fissuration de Paris) est fortement influencée par la longueur de fissure, par la présence d'un sillage plastique en pointe de fissure. Le sillage plastique est réduit pour les fissures courtes, ce qui explique leur vitesse de propagation supérieure vis-à-vis des fissures longues, pour un même niveau de ΔK imposé: lorsque le niveau de fermeture augmente la vitesse diminue pour rejoindre finalement celle des fissures longues.

L'objet de la présente étude porte sur les fissures physiquement courtes 2D, pour lesquelles une seule dimension est faible par rapport aux autres : la propagation n'est pas influencée par la microstructure et les concepts de la mécanique linéaire de la rupture sont alors applicables.

Ce chapitre a traité également dans le détail les principales techniques numériques utilisées dans la littérature, concernant la modélisation de la propagation et du phénomène de la fermeture induite par plasticité.

Il a été montré que la technique de relâchements des nœuds en pointe de fissure est celle la plus utilisée pour sa facilité d'application et la qualité des résultats lors de la comparaison avec des essais.

L'utilisation d'une surface rigide permet d'empêcher la compénétration nodale des lèvres de la fissure.

Les paramètres les plus significatifs de la modélisation numérique ont été également présentés, à savoir la taille minimale des éléments en pointe de fissure, le nombre de cycles entre chaque relâchement et le niveau effectif de libération des nœuds au cours d'un cycle de chargement.

Il est à noter qu'il n'existe aucun consensus général sur le choix des paramètres et, par conséquent, ces propositions s'avèrent être uniquement des recommandations, sans aucun caractère impératif.

Les études antérieures sur la détection de la fermeture induite par plasticité dans une éprouvette CT-50 dans un acier inoxydable 304L soumise à chargement cyclique ont été détaillées. Vor [112] a considéré des fronts de fissure préétablis de forme *droite*.

La méthode globale de la complaisance [109] pour la détection de la charge à l'ouverture P_{op} est en bon accord avec les résultats expérimentaux. Il s'avère notamment que le taux de fermeture U est constant et égal à 0.72 pour différentes amplitudes de charge ΔK constantes appliquées.

Cependant, la fermeture prédite numériquement a été détectée exclusivement pour le nœud le plus près de la surface libre de l'éprouvette, par conséquent cette approche ne permettait pas de bien représenter les effets locaux dans l'éprouvette (état de contrainte plane au bord et de déformation plane à cœur).

Par ailleurs, les observations expérimentales récemment menées par Arzaghi et al. [118] ont montré une courbure du front de fissure due à la fermeture prononcée près de la surface libre de l'éprouvette. Ceci entraine notamment une réduction de la vitesse au bord et la courbure de la forme du front de fissure.

Pour cette raison Chea [113] a abordé le problème avec des formes préétablies des fronts de fissure en arc de cercle avec différentes courbures, en fonction de la longueur de propagation considérée, avec une approche locale, mais de façon limitée à l'analyse des facteurs d'intensité élastiques de contraintes K_{max} le long de la demi-épaisseur de l'éprouvette. Ceci a montré notamment une inversion de tendance avec l'augmentation de la courbure, avec des valeurs supérieures au bord de l'éprouvette, en accord avec les résultats obtenus par Branco et al.[75].

Par conséquent, ce travail propose une approche locale, prenant en compte pour la première fois les différents effets locaux plastiques qui se vérifient à l'intérieur de l'éprouvette, sous l'hypothèse que les conditions de validité de la Mécanique Linéaire Elastique de la Rupture soient satisfaites.

Une étude fine des propositions des méthodes de prédiction de la forme ultérieure des fronts de fissure dans la littérature a été également menée. En particulier les travaux réalisés par Hou [148, 149], ainsi que ceux de Branco et al. [74- 76] ont constitué une bonne base de départ pour le développement du modèle proposé dans ce travail.

Chapitre II

Modèles numériques avec géométrie préétablie

II. Modèles numériques avec géométries préétablies

1. Introduction

Ce chapitre a pour objectif l'étude du couplage des effets de la longueur et de la forme du front de fissure sur la prédiction numérique de la fermeture induite par plasticité.

Une attention particulière sera portée sur l'observation de l'évolution du facteur d'intensité effectif des contraintes ΔK_{eff}^{ℓ} le long du front de fissure au cours de la propagation. En effet, cette valeur a été pré supposée comme étant la *force motrice* lors de la propagation depuis les travaux de Newman et Elber [145], largement acceptée comme telle par de nombreux auteurs [66- 67, 70, 72, 74- 77, 147- 149] et, par ailleurs, interprétée aussi comme la *force motrice* des fissures *physiquement courtes* [43- 49].

Les allures des facteurs d'intensité de contraintes locaux, obtenues avec les modèles développés par Vor[112] et Chea [113], seront comparées avec celles obtenues par les modèles développés au cours de cette étude, afin de bien appréhender l'influence de l'histoire de la forme de fissure sur la détection de la fermeture dans l'épaisseur de l'éprouvette CT-50.

Un modèle avec des fronts de propagation en arcs de cercle, avec une entaille de départ courbe et une courbure *régulière et constante* au cours de la propagation, sera proposé : la fermeture prédite avec les différents modèles, pour les mêmes longueurs de propagation, sera traitée. La forme des fronts de fissure, ainsi que la géométrie des fronts de fissures de transition, ont été imposées a priori tout au cours de la propagation: les spécificités de chaque modèle seront présentées dans le détail.

Ensuite, l'acquisition de la forme réelle de la fissure, grâce aux essais expérimentaux et aux observations menées par Arzaghi [118], sera réalisée. Dans ce dernier cas, l'intérêt s'est concentré sur la forme finale du front de propagation, tandis que la forme des fronts de fissure "transitoires", en démarrant d'une entaille droite, n'a pas été envisagée. Plusieurs modèles avec différentes longueurs finales de fissure ont été réalisés pour vérifier la stabilisation de la fermeture près de la surface libre.

Une comparaison des évolutions de ΔK_{eff}^{ℓ} prédites par tous les modèles avec différentes géométries préétablies sera finalement présentée : ces résultats constitueront ainsi le point de départ pour la phase suivante de l'étude.

2. Présentation de la méthode

Ce paragraphe est consacré à la présentation de la méthode utilisée pour la détection de la fermeture induite par plasticité au cours de la propagation, au travers de modèles avec différentes formes de fissures préétablies, à savoir front droits [112], courbes progressifs (CP) [113] et courbes réguliers (CR).

Tout d'abord *la géométrie* de l'éprouvette CT sera présentée, ainsi que *les conditions de chargement* et *la loi de comportement du matériau* utilisée.

Ensuite les stratégies adoptées dans les différents modèles pour la réalisation du maillage seront présentées dans le détail.

Enfin, les méthodes utilisées pour l'avancée de la fissure, pour la simulation et la détection du contact au cours de la propagation seront détaillées.

Les conditions de cette première approche numérique concernent l'application d'un chargement $\Delta K = 12MPa\sqrt{m}$ constant avec un rapport de charge *R=0.1*, afin de créer une zone de sillage plastique uniforme tout au long de la fissuration. Ces conditions de chargements sont celles traitées dans les études antérieures [112, 113]. Les méthodes de calcul des différents facteurs d'intensité de contraintes (FIC) locaux seront également détaillées.

2.1 Géométrie de l'éprouvette CT

Les simulations numériques ont été réalisées sur des éprouvettes *'compact tension (CT)'* normalisées de type CT-50, d'épaisseur *10mm* [155]. Les dimensions en mm sont reportées en Figure 28.

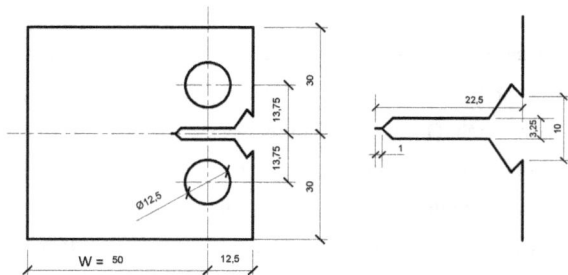

Figure 28 Eprouvette normalisée CT-50 (Compact Tension) d'épaisseur *10mm*.

Pour les simulations, un quart d'éprouvette est utilisé, ce qui entraine une diminution des temps de calcul.

La Figure 29 montre les plans de coupe (2 et 3), ainsi que les conditions aux limites imposées sur la structure : les translations selon les directions y et z sont empêchées, respectivement, pour les nœuds situés sur les plans de symétrie 2 et 3, tandis qu'un blocage de la translation horizontale suivant l'axe x est imposé au point 1 afin d'empêcher tout mouvement de solide rigide de la structure.

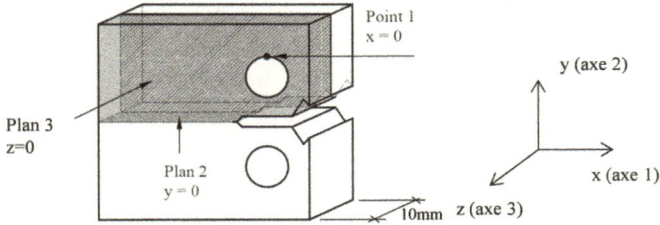

Figure 29 : Conditions aux limites sur un quart d'éprouvette

Le plan 2 est le plan de fissuration, qui est normal à l'axe de chargement y.

2.2   Conditions de chargement

Pendant les essais de fissuration, les éprouvettes sont sollicitées par une charge F, par l'intermédiaire de goupilles, qui transmettent une pression p sur le secteur des trous de l'éprouvette en contact avec la goupille (Figure 30).

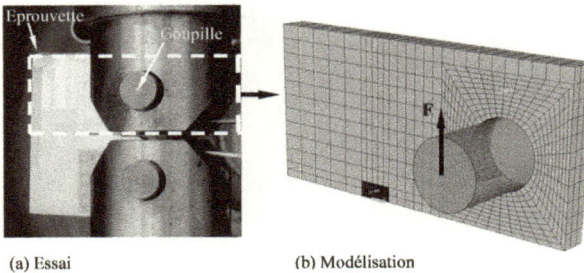

(a) Essai   (b) Modélisation

Figure 30 : Application du chargement par l'intermédiaire de goupilles, transposition sur le modèle numérique

Comme on sollicite avec une amplitude du facteur d'intensité des contraintes ΔK constant, cet effort F est donné par la mécanique linéaire de la rupture à partir de l'expression suivante [141] :

$$F = \frac{K.B.\sqrt{W}}{Y} \qquad \text{(Equ.II. 1)}$$

Où B est l'épaisseur de l'éprouvette, W est la largeur de l'éprouvette, Y est le facteur de forme dépendant de la géométrie de l'éprouvette.

Dans le cas d'une éprouvette CT-50, Y s'exprime de la manière suivante :

$$Y = \frac{(2 + \alpha)(0.886 + 4.64\alpha - 13.32\alpha^2 + 14.72\alpha^3 - 5.62\alpha^4)}{(1 - \alpha)^{3/2}} \qquad \text{(Equ.II. 2)}$$

Avec $\alpha = {}^{a}/_{W} > 0.2$, où a est la longueur de fissure mesurée entre le centre du trou de l'éprouvette et le fond de l'entaille. La longueur de la fissure a est mesurée au bord de l'éprouvette, car ceci est la longueur retenue en condition d'essais expérimentaux (observations optiques ou calcul au travers de la complaisance ou de la variation de potentiel [112]).

L'effort appliqué F (F>0) a été imposé dans le modèle par une pression p appliquée sur un secteur du trou en contact avec la goupille. La résultante de cette pression doit être égale à l'effort F (Figure 31).

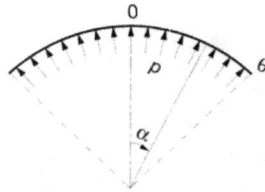

Figure 31 : Application d'une pression sur un secteur du trou en contact avec la goupille

On peut alors écrire :

$$F = 2.B \int_{0}^{\theta} p.\cos \alpha . r . d\alpha \qquad \text{(Equ.II. 3)}$$

Où r est le rayon du trou et B l'épaisseur de l'éprouvette.

On supposera que seul un quart du trou est en contact avec la goupille, ce qui entraine que l'angle θ vaut 45°.

On déduit alors la pression p à imposer sur un quart de trou, en fonction du facteur d'intensité de contrainte K :

$$p = \frac{F}{2.r.B.\sin\theta} = \frac{K\sqrt{W}}{2.r.\sin\theta.Y} \qquad \text{(Equ.II. 4)}$$

L'imposition d'une étendue de chargement constante ΔK se fait, donc, par l'application d'une variation de pression Δp imposée sur un quart de trou.

Par la suite, le chargement appliqué sera calculé par une formule analytique se basant sur une hypothèse de déformation plane, à savoir de front droit élastique avec $a = a_{bord}$ dans l'Equ.II.4.

2.3 Loi de comportement

Le matériau utilisé dans cette étude est un acier inoxydable austénitique de type 304L (Z2CN18-10), fourni par Creusot-Loire Industrie sous la forme d'une tôle, référencée EDF 1212XB1, de dimension 500*270*30mm.

Cette tôle est obtenue par laminage et hypertrempe selon les spécifications des normes RCC-M. Les données de l'analyse chimique produite par le département *'Etude des matériaux (E.MA.)'* d'E.D.F [156] sont présentées dans le Tableau 1.

Elément	C	Mn	Si	S	P	Ni	Cr	Mo	Cu	N$_2$
norme RCC-M (%)	<0,03	<2	<1	<0,03	<0,04	>9 <12	>17 <20	-	<1	-
E.M.A. %	0,029	1,86	0,37	0,004	0,029	10	18	0,04	0,02	0,056

Tableau 1 : Composition chimique de l'acier 304L Creusot-Loire Industries (% masse) [112].

La microstructure du matériau a été révélée par une attaque chimique sur des échantillons polis, comme illustré en Figure 32.

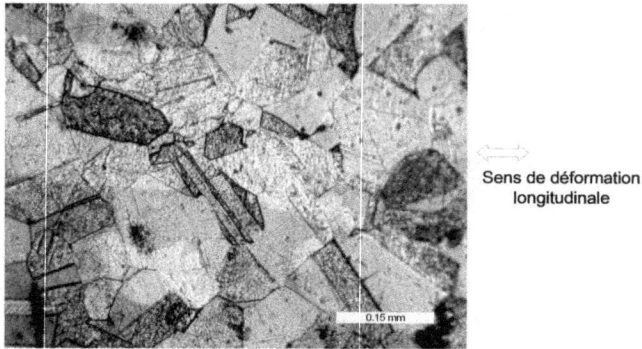

Sens de déformation
longitudinale

0.15 mm

Figure 32 : Acier 304L, après une attaque révélatrice des grains, observé au microscope optique [112, 157].

Il s'agit d'un acier de structure cubique à faces centrées qui présente de faibles quantités de ferrite résiduelle sous forme de '*chapelets*'. La présence d'inclusions aléatoires de diverses natures (Ni, Cr, Mn, Ti, Al,..) est révélée par le biais d'un microscope électronique à balayage équipé d'une sonde E.D.S.X [157].

Une estimation de la taille moyenne des grains observables, à l'aide d'une analyse statistique des intersections des grains et d'une grille de pas de 50 microns peut être effectuée à partir de la Figure 32.

L'histogramme de la répartition des grains (% des grains) en fonction de leur taille dans le sens de laminage et dans le sens transverse est reporté en Figure 33.

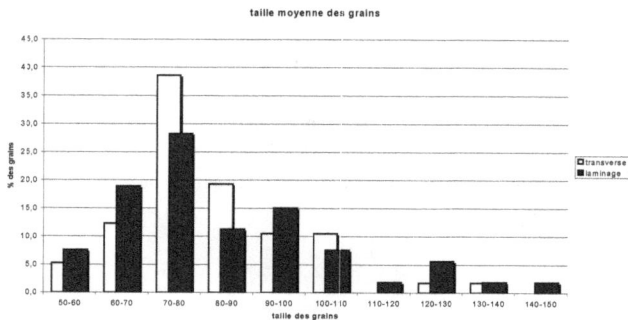

Figure 33 : Estimation de la taille des grains pour l'acier 304L étudié, influence du laminage [112, 157].

Au début de sa thèse, Vor [112] a caractérisé le comportement, en traction monotone, et cyclique du matériau, en déterminant les paramètres à utiliser dans le modèle numérique. Il s'est avéré qu'une loi de type Chaboche [114] décrit correctement le comportement du matériau par un écrouissage isotrope non linéaire avec une loi exponentielle et un écrouissage cinématique non linéaire : ceci permet, notamment, de bien décrire les effets Bauschinger [139] et rochet [140] du matériau. La surface de charge est exprimée comme suit :

$$f = J_2(\bar{\bar{\sigma}} - \bar{\bar{\alpha}}) - R \qquad \text{(Equ.II. 5)}$$

Où R modélise la partie d'écrouissage isotrope non linéaire, à savoir l'évolution du rayon de la surface de charge en fonction de la déformation plastique cumulée p

$$R = Q\big(1 - \exp(1 - bp)\big) + \sigma_0 \qquad \text{(Equ.II. 6)}$$

Avec Q et b constantes caractéristiques du matériau pour l'écrouissage isotrope non linéaire, σ_0 limite élastique du matériau, $\bar{\bar{\sigma}}$ est le tenseur des contraintes et $\bar{\bar{\alpha}}$ est la partie d'écrouissage cinématique non linéaire qui indique la position actuelle de la surface de charge en fonction de la déformation plastique $\bar{\bar{\varepsilon}}_p$. L'expression de α est la suivante :

$$\bar{\bar{\alpha}} = v\frac{C}{D} + \left(\bar{\bar{\alpha}}_0 - v\frac{C}{D}\right)\left(\exp\left(-vD\big(\bar{\bar{\varepsilon}}_p - \bar{\bar{\varepsilon}}_{p0}\big)\right)\right) \qquad \text{(Equ.II. 7)}$$

Avec $v = \pm1$ selon le sens de l'écoulement ($v = 1$ si la charge augmente, $v = -1$ si la charge diminue), alors que $\bar{\bar{\alpha}}_0$ et $\bar{\bar{\varepsilon}}_{p0}$ sont respectivement la position du centre de la surface de charge et la déformation plastique en début de chaque alternance.

$J_2(\bar{\bar{\sigma}} - \bar{\bar{\alpha}})$ est la contrainte équivalente de Von Mises et s'exprime par :

$$J_2(\bar{\bar{\sigma}} - \bar{\bar{\alpha}}) = \sqrt{\frac{3}{2}\big(\bar{\bar{S}} - \bar{\bar{\alpha}}^{dev}\big):\big(\bar{\bar{S}} - \bar{\bar{\alpha}}^{dev}\big)} \qquad \text{(Equ.II. 8)}$$

Avec $\bar{\bar{S}}$ et $\bar{\bar{\alpha}}^{dev}$ respectivement déviateur du tenseur de contrainte $\bar{\bar{\sigma}}$ et de la variable tensorielle $\bar{\bar{\alpha}}$, exprimé selon les relations suivantes :

$$\bar{\bar{S}} = \bar{\bar{\sigma}} - \frac{1}{3} \; tr \; (\bar{\bar{\sigma}})I \qquad \text{(Equ.II. 9)}$$

$$\bar{\bar{\alpha}}^{dev} = \bar{\bar{\alpha}} - \frac{1}{3} \; tr \; (\bar{\bar{\alpha}})I \qquad \text{(Equ.II. 10)}$$

L'évolution de la surface de charge au cours d'un cyclage en traction-compression décrite par la combinaison des deux écrouissages est montrée en Figure 34.

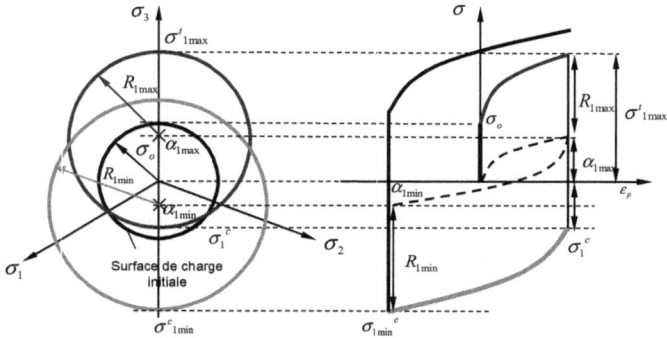

Figure 34 : Représentation graphique du modèle d'écrouissage cinématique et isotrope non linéaire en traction/compression à déformation imposée [112].

Le comportement en fatigue a été caractérisé pour différentes amplitudes de déformation grâce aux essais de fatigue oligocyclique à déformation imposée, avec un rapport de charge $R = -1$. Les paramètres d'écrouissage cinématique et isotrope de la loi de Chaboche montraient une dépendance assez marquée de l'amplitude de déformation imposée avec des valeurs assez différentes de celles fournies par EDF pour une amplitude de déformation imposée de 0.3%. Finalement les valeurs retenues se réfèrent à une amplitude de déformation totale imposée de 1% : les valeurs des coefficients de la loi de comportement sont récapitulées, dans le Tableau 2.

Elasticité	
E	196000 MPa
v	0.3
Ecrouissage cinématique	
σ_0	117 MPa
C	52800 MPa
D	300
Ecrouissage isotrope	
σ_0	117 MPa
Q	87 MPa
b	9

Tableau 2 : Paramètres élastiques et cycliques de la loi du comportement du matériau, déterminés avec une amplitude de déformation totale imposée de 1% [112].

Où:

E : Module d'Young ;

v : Coefficient de Poisson.

2.4   Maillage

La taille minimale du maillage dans le plan de fissuration, près de la pointe de la fissure a été choisie selon les recommandations de Dougherty [78] (voir ch. I, paragr. 3.2), qui a proposé l'emploi de dix éléments dans la zone plastique monotone R_p :

$$a_{min} = \frac{1}{10} R_p = \frac{1}{10} \frac{1}{2\pi} \left(\frac{K_{max}}{\sigma_0} \right)^2 \qquad \text{(Equ.II. 11)}$$

Où l'expression de la zone plastique monotone en pointe de fissure et en condition de contraintes planes a été définie par Rice [54] (voir ch. I, parag. 2.4).

En prenant $K_{max} = 13.33 MPa\sqrt{m}$ et $\sigma_0 = 117 MPa$, on obtient :

$$a_{min} = \frac{1}{10} R_p = \frac{1}{10} \frac{1}{2\pi} \left(\frac{K_{max}}{\sigma_0} \right)^2 = \left(\frac{13.33 \, MPa\sqrt{m}}{117 \, MPa} \right)^2 = 0.2mm$$

Cependant, afin d'assurer la fiabilité des résultats, le maillage a été raffiné par rapport à cette recommandation.

71

Ainsi, la taille minimale des éléments dans le plan de propagation retenue par Vor [112] et Chea [113] était de *0.05mm*. Aussi, ce choix a été retenu pour les comparaisons des évolutions des FIC locaux des différents modèles le long de l'épaisseur, à savoir 40 éléments dans la zone plastique monotone et environ 10 éléments dans la zone plastique cyclique.

Pour des raisons de temps de calcul, les simulations ont été réalisées sur une longueur de fissure relative finale, mesurée au bord, da_b (définie comme la différence entre la longueur de fissure considérée au bord et le fond de l'entaille) égale à *1.5mm* à partir d'une fissure droite de longueur initiale de *0.1mm*, correspondant à 29 fronts dans le plan de fissuration. Dans le cas de *fronts droits*, $da_b=da_c$ (où da_c est la longueur relative mesurée à cœur).

Une étude paramétrique plus fine de l'influence de la taille minimale des éléments dans le plan de propagation sur les valeurs calculées a été réalisée et reportée en *Annexe A*. La comparaison entre les maillages avec des éléments de taille *0.05mm* et *0.1mm* ne montre pas de différences significatives. Le maillage dans le plan de la fissure doublé (*0.1mm*), avec la possibilité d'exploitation de longueurs de fissure supérieures (*da* final supérieur à *1.5mm*), est retenu, les temps de calcul étant considérablement réduits (environ de la moitié).

Si l'on se place suffisamment loin de la pointe de fissure, on peut considérer le comportement comme globalement élastique : les conditions de la mécanique linéaire de la rupture sont alors supposées satisfaites, ce qui permet d'employer un maillage nettement plus grossier dans les zones encore plus éloignées.

La partie maillée plus grossièrement a été réalisée séparément : au travers de la commande *TIE, proposée par ABAQUS, les deux corps peuvent donc être considérés comme soudés tout au cours de la simulation. Le logiciel s'occupe également de gérer les conditions de compatibilité nodale à l'interface des deux corps (Figure 35).

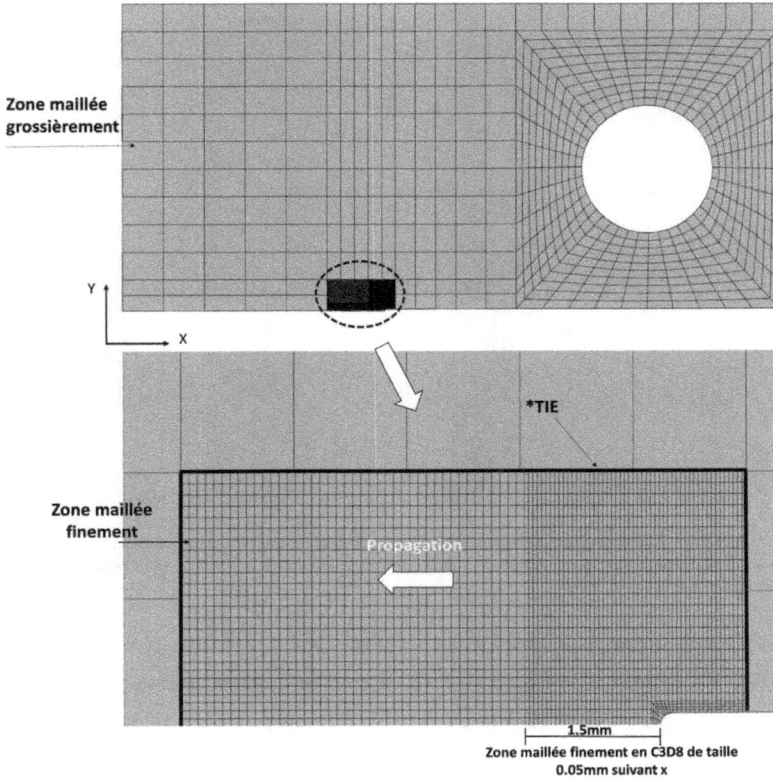

Figure 35 : Maillage de la pièce au voisinage de l'entaille pour les 29 fronts de propagation.

En outre, vingt éléments ont été employés dans la demi-épaisseur de l'éprouvette CT-50 avec un maillage progressif vers le bord pour bien considérer les gradients très sévères de contraintes et déformations près de la surface libre, comme recommandé par Roychowdhury et Dodds [80]. Le maillage progressif est défini par le rapport entre la taille maximale et minimale des éléments le long de la demi-épaisseur.

Vor [112] a utilisé un rapport de 15, alors que Chea [113] a opté pour 20 et ce même choix a été retenu pour le modèle avec des *fronts courbes réguliers*. Cependant cette variation ne s'avère avoir aucune influence sur les résultats obtenus, sauf un décalage des valeurs (différentes distances de la surface libre le long de l'épaisseur).

La Figure 36 montre dans le détail le maillage progressif vers le bord dans le cas du modèle avec fronts droits de fissure.

73

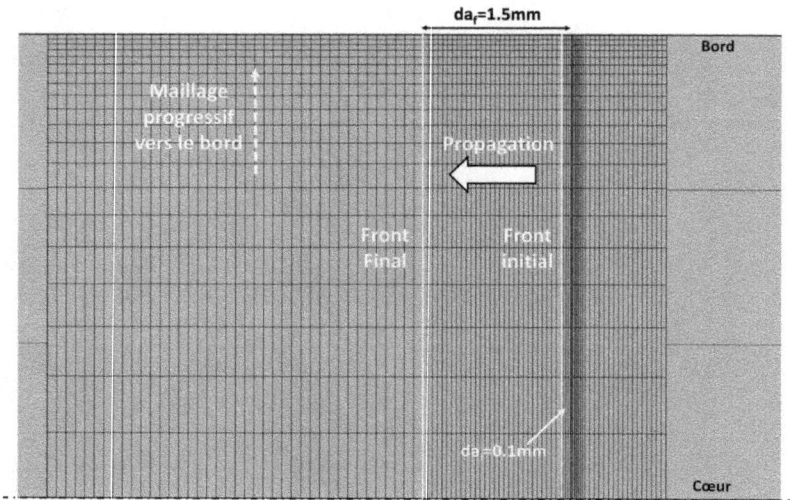

Figure 36 : Détail de la partie maillée plus finement avec un maillage progressif vers le bord dans le cas de modèle avec fronts droits, avec longueurs relatives initiale $da_i = 0.1mm$ et finale $da_f = 1.5mm$, mesurées entre le front considéré et la discontinuité initiale.

Le maillage dans le plan de propagation employé dans le modèle avec des fronts courbes progressifs [113] est montré en <u>Figure 37</u>. Pour les premières comparaisons effectuées, les modèles développés se composent de 53626 nœuds (dont 51030 dans la partie maillée plus finement) et de 47950 éléments (1770 dans la partie avec maillage plus grossier) de type C3D8, à savoir hexaédrique avec 8 nœuds (fonctions de formes linéaires).

74

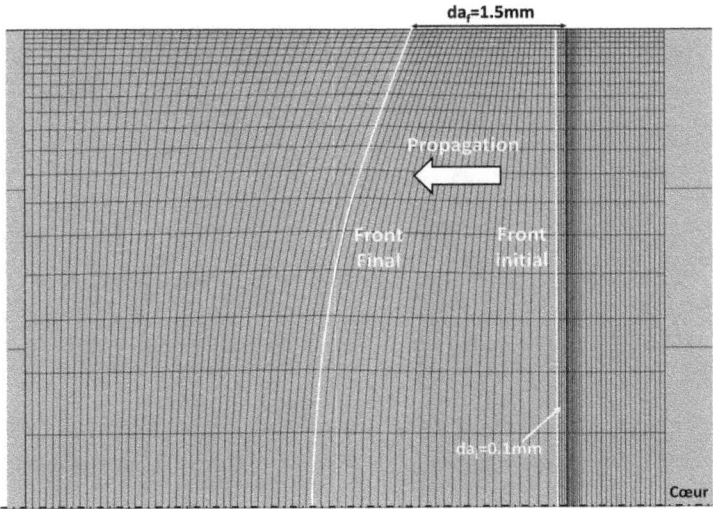

Figure 37 : Maillage dans le plan de propagation du modèle avec fronts courbes progressifs [113].

Sur la base des premières comparaisons réalisées par Chea [113] en termes d'observation de la zone de contact entre les fronts droits et courbes progressifs, un autre modèle de prédiction de la fermeture de fissure avec géométrie préétablie a été réalisé.

Les fronts de fissure sont décrits par des arcs de cercle avec rayon constant et avec une différence constante de *1mm* entre les longueurs mesurées au bord et à cœur de l'éprouvette.

Il s'agit notamment de reproduire la forme de fissure finale retenue par Chea [113] et de la garder tout au cours de la propagation. Ceci dans le but de permettre une étude plus détaillée de l'influence de l'histoire de la forme des fronts de fissure 'transitoires' sur la fermeture, détectée à différentes longueurs de propagation.

Toutefois, des modifications doivent être apportées par rapport à la proposition de maillage faite par Vor [112].

La <u>Figure 38</u> montre le choix pris pour la réalisation du maillage dans la zone de transition permettant de passer de l'entaille initiale droite au premier front de fissure courbe.

Afin de permettre au logiciel de générer correctement le maillage, un nœud a été ajouté pour gérer la zone de transition globalement 'triangulaire' avec les éléments hexaédriques (8 nœuds), employés dans cette étude.

75

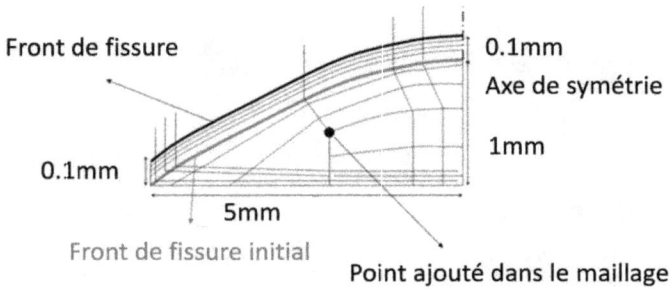

Figure 38 : Technique utilisée pour la génération du maillage dans la zone de transition du modèle avec des fronts courbes réguliers.

La position du nœud a été choisie afin de minimiser la distorsion des éléments générés par le logiciel et le résultat est montré en Figure 39 : la taille et le nombre d'éléments sont imposés par le maillage progressif dans l'épaisseur.

La propagation est menée à partir d'une longueur mesurée au bord de *25.1mm* jusqu'à *26.5mm*. Le pas d'avancement, qui correspond à la taille minimale dans la zone de propagation est de *0.05mm*. La partie initiale de *0.1mm* est maillée avec quatre éléments de taille *0.025mm*.

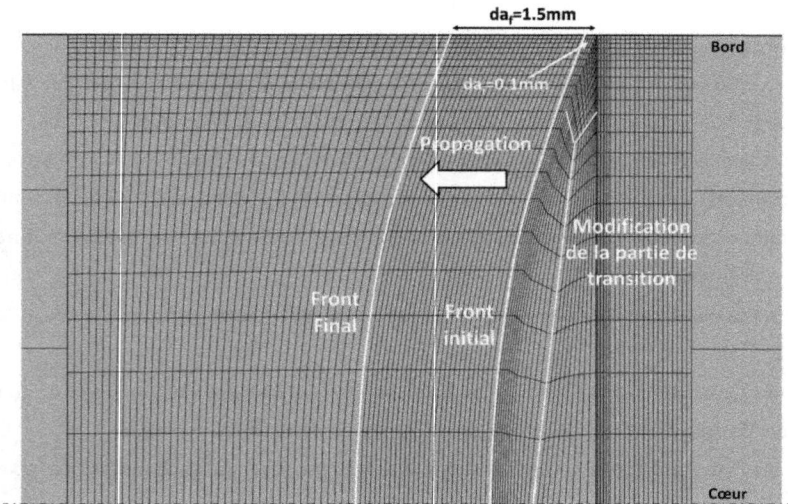

Figure 39 : Maillage dans la zone de transition du modèle avec des fronts courbes réguliers.

76

2.5   Propagation numérique de la fissure

La simulation numérique de la propagation des fronts de fissure est réalisée, tous les n cycles, par relâchement successif des nœuds du front de fissure en changeant simultanément les conditions aux limites, comme montré en Figure 40.

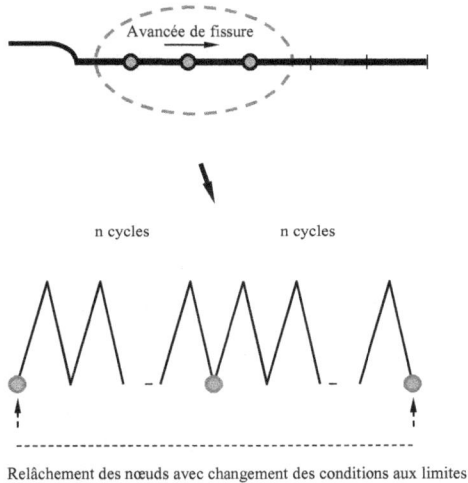

Figure 40 : Propagation d'une fissure par relâchement successif des nœuds

Dans la littérature on trouve plusieurs propositions concernant le niveau du cycle de libération des nœuds du front de fissure au cours du dernier cycle, ainsi que le nombre de cycles à imposer entre chaque relâchement.

Comme décrit dans l'étude bibliographique, il ressort que le niveau de la charge auquel effectuer la libération des nœuds au cours du dernier cycle n'a pas d'influence sur les résultats. Dans la présente étude, la libération des nœuds est effectuée à la charge minimale, afin d'éviter d'éventuels problèmes numériques associés au changement brutal des conditions aux limites.

Pour les mêmes raisons, l'avancée du front est fixée égale à la taille minimale d'éléments dans le plan de propagation, à savoir $0.05mm$ ou $0.1mm$.

Pour le nombre de cycle entre chaque relâchement, si on voulait reproduire les conditions réelles, 5000 cycles entre chaque relâchement seraient nécessaires, ce qui n'est pas envisageable pour une simulation 3D et un maillage raffiné dans la zone de fissuration.

Dans la littérature les indications sur les nombres de cycles sont assez discordantes. Au cours de son étude, Vor [112] a mené de nombreuses simulations numériques de type élasto-plastique afin de détecter les nombres de cycles nécessaires pour la stabilisation de la boucle des contraintes-déformations d'un nœud au bord situé une maille devant la pointe de la fissure. Finalement il s'est avéré que 15 cycles entre chaque relâchement étaient suffisants et, par conséquent, ce choix a été retenu.

2.6 Simulation du contact au cours de la propagation

La mise en contact des lèvres de fissure est réalisée par l'intermédiaire d'une surface rigide, placée sur le front de propagation, comme montré en Figure 41, pour empêcher l'interpénétration des nœuds sur les lèvres.

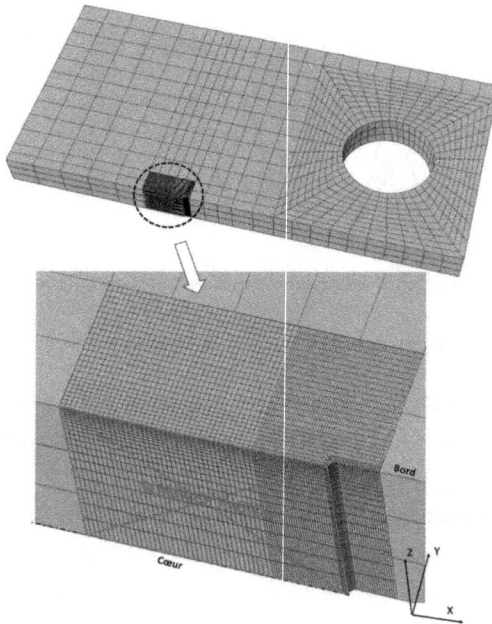

Figure 41 : Introduction d'une surface rigide sur le plan de propagation, afin d'empêcher l'interpénétration des nœuds sur les lèvres de fissure.

Comme on l'a vu dans le chapitre bibliographique, l'emploi d'une surface rigide a été largement choisi [60, 67, 68, 74-76, 78, 80, 98, 99], avec la définition, à la fois, d'une surface "*maître*" (la surface rigide) et une surface "*esclave*" (les lèvres de la fissure) sous ABAQUS [102].
Parmi toutes les 'propriétés de contact' mises à disposition par le logiciel ABAQUS [103], celle qui prévoit un contact *normal rigide* entre les nœuds sur les lèvres de la fissure et la surface analytiquement rigide a été retenue, en accord avec les travaux antérieurs [112, 113].

78

2.7 Méthode de calcul des facteurs d'intensité des contraintes locaux

Ce paragraphe est consacré à la description détaillée des différentes méthodes utilisées pour le calcul des facteurs d'intensité des contraintes locaux (FIC).

2.7.1 Détermination du FIC maximal local K^ℓ_{max}

Le facteur K^ℓ_{max} est déterminé par le biais d'une analyse élastique globale, en imposant la charge maximale associée à la valeur souhaitée de ΔK et à la longueur de fissure mesurée au bord de l'éprouvette, selon l'Equ.II.4.

Le calcul est effectué au travers de la méthode de l'intégrale J (chapitre I, paragraphe 1) proposée par ABAQUS [152], qui a été largement employée par plusieurs auteurs [26, 28], pour la facilité de son implémentation.

De plus Courtin et al. [27, 28] ont montré les avantages de cette méthode énergétique de l'intégrale J sous ABAQUS comparée avec la méthode d'extrapolation de déplacements.

Un exemple de calcul de K^ℓ_{max} d'un nœud situé à *1.16mm* de distance du bord sur le front de propagation avec dix contours est montré en Figure 42, pour la longueur de fissure relative *da=0.5mm*, dans le cas du modèle avec des fronts de propagation droits.

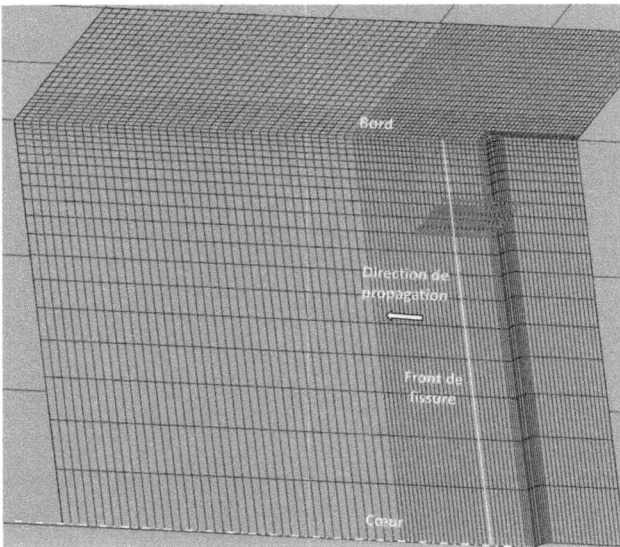

Figure 42 : Illustration des dix contours utilisés pour le calcul du facteur d'intensité des contraintes K^ℓ_{max} au travers de la méthode de l'intégrale J pour un nœud situé à *1.16mm* de distance du bord sur le front de propagation, longueur de fissure relative *da=0.5mm,* avec un front de propagation droit.

Le facteur d'intensité de contrainte K_{max}^{ℓ} est extrait à partir des valeurs de l'intégrale J, selon l'Equ.I.14, mais la valeur finale dépend des hypothèses de contrainte ou déformation planes. Pour s'affranchir de ce problème ABAQUS propose une méthode pour le calcul direct du facteur d'intensité des contraintes [152, 153], basée sur les travaux de Shih et Asaro [154] et utilisé par Vor [112] et Chea [113] (pour plus de renseignements voir Annexe C).

Ceci permet d'identifier la valeur de K_{max}^{ℓ} pour chaque nœud appartenant au front de fissure considéré.

2.7.2   Détermination du FIC à l'ouverture K_{op}^{ℓ}

Comme décrit dans le chapitre bibliographique, les charges à l'ouverture P_{op} et à la fermeture P_{cl} correspondent respectivement à la première perte du contact et la première remise en contact entre les nœuds de la lèvre supérieure et la surface rigide collée sur le plan de fissuration. Par conséquent P_{op} correspond au point où le déplacement vertical U_2, c'est-à-dire dans la direction d'application de la charge, des nœuds situés derrière la pointe de la fissure devient positif pendant la montée d'un cycle, alors que P_{cl} correspond au point où le déplacement vertical U_2 devient nul (cf. Figure 21).

Au vu de la bibliographie, l'observation du premier ou deuxième nœud derrière le front de la fissure modifie considérablement le niveau de fermeture détecté.

Pour cette étude l'observation de la première série de nœuds derrière le front de fissure est retenue, comme il est montré schématiquement en Figure 43 dans le cas de fronts droits de propagation.

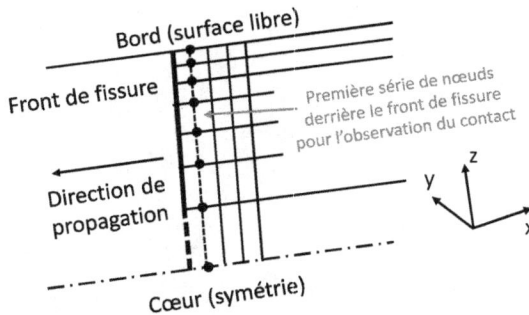

Figure 43 : Série de nœuds (une maille derrière la pointe de la fissure) utilisés pour l'observation du contact.

Après différents tests, une valeur de déplacement vertical $U_2 = 9 * 10^{-9} mm$ a été choisie comme valeur de base pour la détection de P_{op}.

De plus il a été montré qu'il existe une légère différence entre les valeurs calculées de P_{op} et de P_{cl}, dont il faudra tenir compte.

La valeur du facteur d'intensité de contraintes local à l'ouverture K_{op}^{ℓ} , en chaque nœud du front de fissure actuel, est déterminé à travers un calcul plastique (loi de comportement présentée dans le paragraphe 2.3 de ce chapitre) en fonction de la charge à l'ouverture P_{op}, de la charge maximale appliquée pour la longueur de fissure considérée P_{max}, selon l'Equ.II.4 et de la valeur locale maximale correspondante du FIC élastique K_{max}^{ℓ}, selon la relation suivante :

$$K_{op}^{\ell} = K_{max}^{\ell} \frac{P_{op}}{P_{max}} \qquad \text{(Equ.II. 12)}$$

Différents tests numériques nous ont amené à modifier la partition du dernier cycle de chargement, c'est-à-dire celui pour lequel les FICs locaux K_{op}^{ℓ} sont déterminés.

Compte tenu que le temps "numérique" (appelé *STEP) de calcul pour effectuer chaque relâchement a été choisi égal à *30s*, les quinze cycles imposés entre chaque relâchement (d'une durée de 2s chacun) ont été divisés selon la procédure suivante :

- Les quatorze premiers cycles ont été divisés en *40* intervalles réguliers, avec un pas de calcul toutes les *0.05s* ;

- Le dernier cycle a été divisé en deux parties (Figure 44) :

  ➢ Les premières *0.5s*, à savoir de *28s* à *28.5s*, ont été partitionnées en *40* intervalles de calcul identiques avec un pas de temps de *0.0125s*, car il a été observé que la première perte de contact se produisait dans ce laps de temps. Ceci a permis de raffiner la détection de la valeur locale de K_{op}^{ℓ} tout en conservant des temps de calcul acceptables (environ 5 jours avec 16 processeurs en parallèle sur le cluster du laboratoire) ;

  ➢ Les *1.5s* restantes, soit de *28.5s* à *30s*, ont étés découpées de la même manière que les quatorze cycles initiaux, c'est-à-dire avec *30* intervalles correspondant à un pas d'avancement de calcul de *0.05s*.

81

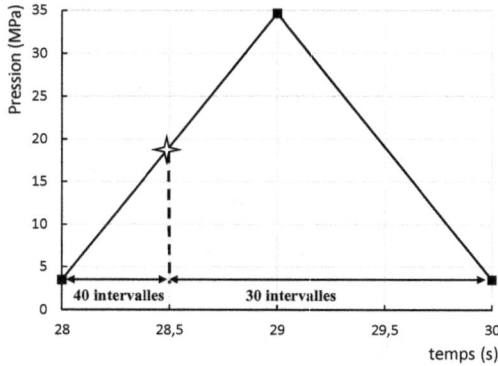

Figure 44 : Nombre de divisions de calcul du dernier cycle avant relâchement des nœuds.

2.7.3 Détermination du FIC effectif $\Delta K^{\ell}_{\text{eff}}$

Après la détermination des FICs locaux élastique et plastique, les valeurs correspondantes des facteurs d'intensité effectifs locaux de contraintes sont obtenues comme la différence entre les valeurs de K^{ℓ}_{max} et de K^{ℓ}_{op} en chaque nœud du front de fissure considéré :

$$\Delta K^{\ell}_{eff} = K^{\ell}_{max} - K^{\ell}_{op} \qquad \text{(Equ.II. 13)}$$

3. Comparaisons des résultats des modèles avec fronts droits, courbes progressifs et courbes réguliers

3.1 Introduction

Ce paragraphe est consacré à la présentation des principaux résultats obtenus avec les modèles numériques avec fronts de fissure géométriquement définis a priori, à savoir avec une forme *droite*, à arc de cercles avec courbure progressivement croissante (*courbes progressifs, CP*) et à courbure constante (*courbes réguliers, CR*):

- Les évolutions de facteurs d'intensité des contraintes locaux seront comparées pour différentes longueurs de fissure ;

- Les évolutions de la fermeture au bord et à cœur de l'éprouvette, en termes de mesure du facteur d'intensité des contraintes à l'ouverture K^{ℓ}_{op} seront considérées ;

82

- Pour les mêmes longueurs de fissure, les zones de contact obtenues à charge minimale imposée seront également observées;

- Des conclusions sur les effets combinés simultanés des formes, longueurs de fissures et historique de propagation sur la prédiction de la fermeture induite par plasticité seront données.

Les résultats qui seront montrés, notamment les évolutions des facteurs d'intensité de contraintes à l'ouverture K_{op}^{ℓ} et effectif ΔK_{eff}^{ℓ}, ainsi que les comparaisons des formes des zones de contact, constituent une nouveauté par rapport aux travaux précédemment réalisés dans le laboratoire.

3.2 Comparaison des évolutions des valeurs locales des facteurs d'intensité de contraintes

Cette partie est dédiée à la comparaison des résultats locaux d'évolution des facteurs d'intensité de contraintes le long des fronts de fissure, ce pour différentes longueurs relatives da, issue des simulations avec les trois modèles avec géométrie préétablie.

ΔK, imposé à travers la pression sur un quart de trou, définie par l'Equ.II.4, est égal à $12 MPa\sqrt{m}$ avec un rapport de charge $R = 0.1$.

On rappelle ici que, pour ces premières comparaisons, la taille minimale des éléments dans le plan de fissuration est égale à $0.05mm$, en accord avec les travaux antérieurs [112, 113].

Les calculs effectués nécessitent 5 jours en utilisant la puissance de 16 processeurs en parallèle sur le cluster MC2P de l'Institut Pprime.

Le Tableau 3 précise l'écart entre les longueurs mesurées au bord (da_b) et à cœur (da_c) pour les trois modèles employés, ce pour les trois longueurs au bord retenues pour la présentation des résultats.

DIFFERENCES ENTRE LES LONGUEURS RELATIVES AU BORD (da_b) ET A CŒUR (da_c) DE LA CT-50 (mm)		Formes des fronts de fissures		
		Droits [112]	Courbes Progressifs (CP) [113]	Courbes Réguliers (CR, présente étude)
Longueur de fissure relative au bord da_b (mm)	0.5	0	0.333	1
	1	0	0.666	1
	1.5	0	1	1

Tableau 3 : Evolution des longueurs de fissure au bord et à cœur [113].

Les Figure 45 a), b) et c) comparent les évolutions des facteurs d'intensité de contraintes élastiques maximaux K_{max}^{ℓ}, à l'ouverture K_{op}^{ℓ}, et effectifs ΔK_{eff}^{ℓ}, le long de la demi-épaisseur de l'éprouvette, dans le cas des trois modèles et pour les longueurs de fissure relatives da_b respectives de $0.5mm$,

1mm et *1.5mm* mesurées au bord de l'éprouvette. Les valeurs obtenues pour le nœud sur le bord de l'éprouvette n'ont pas été reportées, car différant sensiblement des autres.

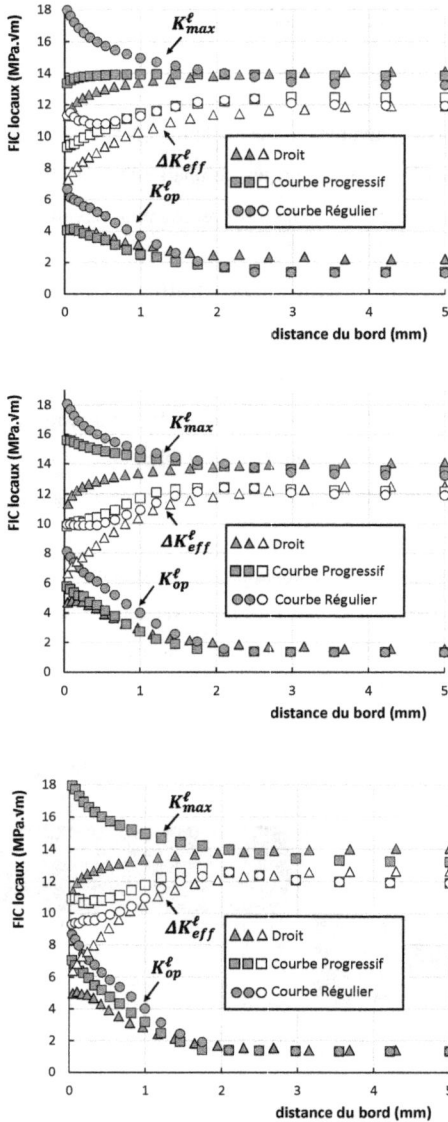

Figure 45 : Evolution des facteurs locaux d'intensité de contraintes le long de la demi-épaisseur par les modèles avec fronts droits, courbes progressifs et courbes réguliers aux distances relatives a) $da_b=0.5mm$, b) $da_b=1mm$ et c) $da_b=1.5mm$. $\Delta K = 12 MPa\sqrt{m}$ et $R = 0.1$.

84

Ces premières observations des allures des FIC locaux K_{max}^ℓ, K_{op}^ℓ et ΔK_{eff}^ℓ aux différentes longueurs de fissures envisagées suggèrent plusieurs commentaires, résumés en détail dans les sous-paragraphes suivants.

3.2.1 Facteurs maximaux d'intensité de contraintes locaux $K^\ell{}_{max}$

Pour le facteur maximal d'intensité de contrainte élastique K_{max}^ℓ, les remarques suivantes peuvent être faites :

- Pour les *fronts droits* on note que les facteurs maximaux d'intensité de contraintes K_{max}^ℓ présentent des valeurs plus faibles au bord qu'à cœur ce qui est cohérent avec les notions de contraintes planes au bord et de déformations planes à cœur (état triaxial de contraintes). La valeur près du bord est sensiblement plus faible (environ $11.35 MPa\sqrt{m}$ pour le premier nœud près du bord) que celle imposée avec l'Equ.II.4, tandis que la valeur à cœur est légèrement supérieure à $13.33 MPa\sqrt{m}$ (environ $14 MPa\sqrt{m}$).
Ceci entraine une valeur moyenne de $13.24 MPa\sqrt{m}$, très proche de la valeur théorique ($13.33 MPa\sqrt{m}$,) ;

- Dans le cas du modèle avec des fronts *courbes progressifs*, on note que l'évolution de K_{max}^ℓ, change de sens de variation du bord vers le cœur lorsque la longueur au bord (donc la courbure) évolue. Pour da_b égal à *0.5mm*, K_{max}^ℓ est sensiblement constant, mais légèrement inférieur au bord. Par la suite, on observe une inversion, avec des valeurs de K_{max}^ℓ supérieures au bord, comme déjà observé par Chea [113]. Cet écart bord/cœur qui augmente progressivement avec la courbure du front.

- Les valeurs de K_{max}^ℓ obtenues avec des *fronts courbes réguliers* montrent de manière prévisible la même allure pour toutes les longueurs relatives de fissure da_b. Cette allure se superpose à celle obtenue avec des *fronts courbes progressifs* à da_b=*1.5mm*, correspondant à la même forme finale. Ceci est dû au fait que le calcul élastique utilisé pour K_{max}^ℓ ne prend pas en compte l'histoire d'évolution des fronts de fissure.

- Il s'avère alors que la formule analytique 2D de K dans une éprouvette CT (Equ.II.4) ne peut être utilisée sur une structure volumique que si le front de fissure demeure toujours rectiligne.

85

Ces résultats semblent être en accord avec les allures montrées par Branco et al.[75] (Figure 27), qui a essayé d'expliquer ce comportement par une singularité différente dans le champ de contraintes décrit par l'Equ.I.2 (singularité inférieure à 0.5 avec des *fronts droits* et supérieure à 0.5 si l'angle formé entre le front et la surface libre dépasse une certaine valeur limite, dépendant de la charge appliquée et du coefficient de Poisson v du matériau [142- 144]).

3.2.2   Facteurs d'intensité de contraintes locaux à l'ouverture K^ℓ_{op}

En comparant les évolutions des facteurs d'intensité des contraintes à l'ouverture K^ℓ_{op} pour les trois modèles et pour les trois longueurs *da* choisies, il ressort que :

- Dans *les trois modèles*, la fermeture est présente principalement près de la surface libre de l'éprouvette jusqu'à environ *2mm* du bord, en accord avec de nombreux travaux dans la littérature [59, 66, 72, 75- 76, 78, 80- 81, 83-85, 99, 101, 106- 107, 117, 145, 148- 149] ;

- Le modèle avec des *fronts de fissure droits* est le seul à présenter également une légère fermeture à cœur pour des longueurs $da_b=0.5mm$ et $da_b=1mm$ (mais beaucoup moins prononcée par rapport à $da_b=0.5mm$), pour finalement disparaitre pour la longueur $da_b=1.5mm$. La fermeture à cœur, dans le cas de fronts *droits* a été aussi observée par Gonzalez-Herrera et Zapatero [72] ;

- Les valeurs de K^ℓ_{op} prédites par le modèle avec des *fronts courbes progressifs* sont comparables avec celles obtenues à l'issue de la propagation avec des *fronts droits*, jusqu'à $da_b=0.5mm$. En effet, en tout début de propagation la courbure est peu prononcée et l'histoire des formes de fronts de fissure entre les deux configurations précédentes est très proche. Lorsque la propagation devient importante, $da_b=1.5mm$, l'histoire est évidemment différente et les valeurs détectées se détachent assez nettement des valeurs correspondantes pour les *fronts droits*, avec une fermeture plus importante au bord pour les *fronts courbes progressifs ;*

- Les allures de K^ℓ_{op} associées au modèle avec des *fronts courbes réguliers* montrent une fermeture plus prononcée au bord par rapport aux deux autres géométries ;

- L'écart entre les valeurs détectées par les fronts courbes *réguliers* et *progressifs* se réduit pour les longueurs $da_b=1mm$ et $da_b=1.5mm$. L'influence de l'histoire de la forme est plus prononcée pour des faibles longueurs de propagation. Son effet se réduit au cours de l'avancement, lorsque la fissure tend vers un état stabilisé en termes de fermeture.

3.2.3 Facteurs d'intensité de contraintes locaux effectifs $\Delta K^{\ell}_{\text{eff}}$

Pour les allures des facteurs d'intensité des contraintes effectifs ΔK^{ℓ}_{eff}, les commentaires suivants peuvent être faits.

- Les évolutions observées avec des *fronts droits* sont analogues pour les trois longueurs de fissures, avec des valeurs bien supérieures au cœur qu'au bord (jusqu'à environ *50%* d'écart, à $da_b=1.5mm$). Cette configuration n'est pas du tout en accord avec l'hypothèse d'une propagation contrôlée par le facteur d'intensité effectif des contraintes ;

- Les évolutions observées avec des *fronts courbes réguliers* présentent aussi de faibles valeurs près du bord avec une variation le long du front qui atteint 26%, à $da=1.5mm$ (13% pour $da_b=0.5mm$). En effet comme la forme ne change pas, le facteur d'intensité de contraintes élastique maximal K^{ℓ}_{max}présente toujours les mêmes allures et valeurs, tandis que la fermeture près du bord continue à augmenter jusqu'à l'état stabilisé et, par conséquent, les valeurs de ΔK^{ℓ}_{eff} au bord s'éloignent progressivement de celles à cœur (fermeture toujours absente) ;

- Les évolutions dans le cas de *fronts courbes progressifs* montrent une diminution de l'écart entre les valeurs (de 25% à 16%) avec l'avancée de la fissure. Il est également observable que l'allure semble se stabiliser à partir d'une distance du bord de *1mm*, alors que, pour les *fronts droits* et *courbes progressifs*, ceci se vérifie à environ *2mm* de distance de la surface libre. Cependant des oscillations restent observables entre 1mm et 2mm de distance du bord avec un pic d'environ 5% ($12.7MPa\sqrt{m}$) vis-à-vis de la valeur stabilisée à cœur (environ $11.9MPa\sqrt{m}$) ;

- Les résultats obtenus avec les *fronts courbes progressifs* semblent donc soutenir l'hypothèse du facteur d'intensité local des contraintes ΔK^{ℓ}_{eff} comme étant la *force motrice de toute la propagation*, car c'est dans cette configuration de forme (qui sera proche des résultats d'essais) que ΔK^{ℓ}_{eff} fluctue le moins le long du front ;

- Enfin, l'influence de l'histoire de la propagation semble évidente en observant les différentes valeurs de ΔK^{ℓ}_{eff} prédites à $da_b=1.5mm$ (même forme finale) pour les modèles avec des *fronts courbes progressifs et réguliers*.

3.3 Evolution de la fermeture au cours de la propagation

Les évolutions des facteurs d'intensité de contraintes à l'ouverture K_{op}^{ℓ} au cours de la propagation, en fonction de la longueur relative de fissure au bord da_b et à cœur da_c pour les modèles avec fronts de fissure *droits*, *courbes progressifs* et *courbes réguliers* sont montrées en Figure 46 a) et b) respectivement en deux nœuds : le nœud voisin de celui du bord de l'éprouvette (ceci pour éviter que les mesures soient faussées par le fort gradient de contraintes et déformations près de la surface libre) et celui à cœur.

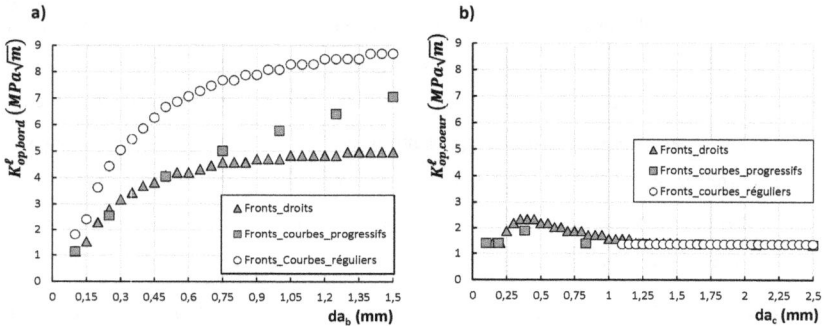

Figure 46 : Evolutions de K_{op}^{ℓ} en fonction de la longueur relative de fissure au bord da_b et à cœur da_c pour les trois modèles avec géométries préétablies, dans le cas respectivement de a) Nœud voisin de celui du bord et b) Nœud à cœur.

En observant la Figure 46 a), on remarque que :

- Les valeurs de K_{op}^{ℓ} obtenues au bord avec les *fronts* de fissure *droits* sont les plus faibles. De plus, il est assez difficile d'établir si la stabilisation de la fermeture est atteinte après *1.5mm* de propagation ;

- L'évolution de K_{op}^{ℓ} au bord relative au modèle avec des *fronts courbes progressifs* suit tout au début celle des *fronts droits* (puisque on démarre d'une entaille droite), pour se détacher progressivement et tendre vers celle des *fronts courbes réguliers* avec l'avancée de la fissure ;

- Les valeurs de K_{op}^{ℓ} au bord obtenues avec le modèle à *fronts courbes réguliers* sont supérieures à celles trouvées par les modèles avec des *fronts droits* et *courbes progressifs*. La stabilisation de l'évolution ne semble pas être atteinte après *1.5mm* de propagation.

88

De plus, lors de la comparaison des évolutions de K_{op}^{ℓ} au cœur de l'éprouvette en <u>Figure 46</u> b) on peut faire les remarques suivantes :

- Une fermeture à cœur est prédite par le modèle avec *fronts* de propagation *droits* entre $da_c=0.2mm$ et $da_c=1.1mm$;

- Une fermeture moins prononcée est détectée également pour le modèle avec des *fronts courbes progressifs*, mais sur un intervalle réduit de longueur de fissure da_c (environ entre *0.19mm* et *0.75mm*).

- Aucune fermeture n'est observée dans le cas des fronts courbes réguliers.

En ce qui concerne l'évolution de la fermeture pour le nœud à cœur, dans le cas des fronts *courbes progressifs*, l'observation de la zone de contact a révélée l'absence de fermeture aux longueurs relatives à cœur $da_c=0.1$ et *0.19mm*, ce qui a permis d'ajouter les deux points initiaux en carrés pleins oranges sans effectuer d'autres calculs.

3.4   Observation des zones de contact

Cette partie est consacrée à l'observation des zones de contact détectées par les trois modèles pour les trois longueurs au bord $da_b=0.5$, *1* et *1.5mm*.

Les zones de contact observées au cours de la propagation, dans les cas de *fronts droits, courbes progressifs* et *courbes réguliers* sont montrées dans les <u>Figures 47</u>, <u>48</u> et <u>49</u> respectivement pour les longueurs relatives de fissures $da_b=0.5mm$, *1mm* et *1.5mm*.

L'interprétation des schémas se fait comme suit:

- La direction de propagation est de droite à gauche ;

- Les fronts de fissures sont surlignés par des lignes pointillées blanches ;

- La partie de contact ($U_2 = 0$) est montrée en bleu, tandis que la zone ouverte ($U_2 > 0$) est montrée en gris, ce pour la valeur minimale de la charge appliquée.

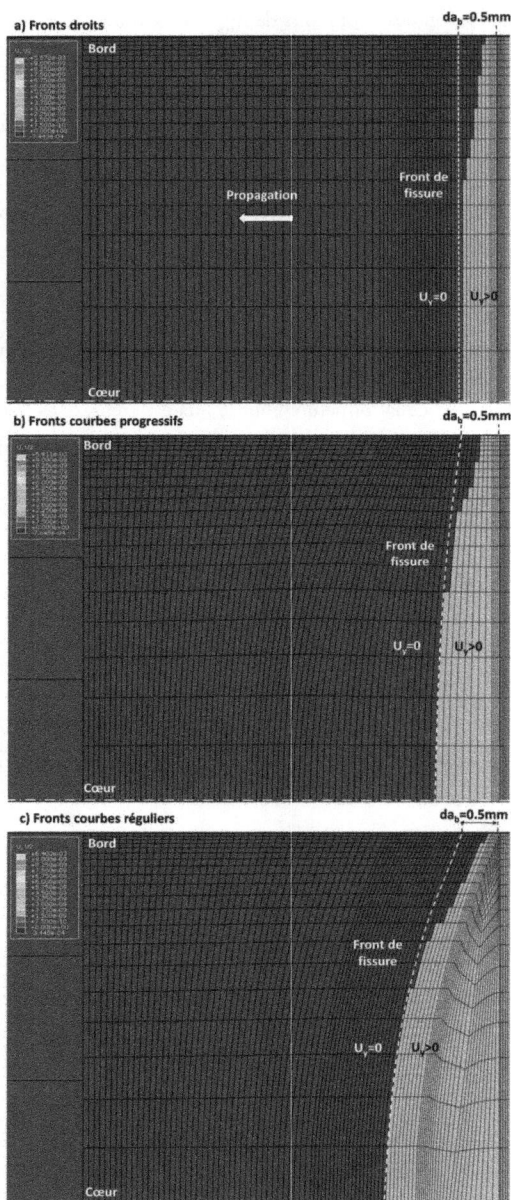

Figure 47 : Observation de la zone fermée pour $da_b=0.5mm$ dans le cas des a) *fronts droits,* b) *fronts courbes progressifs* et c) *fronts courbes réguliers.*

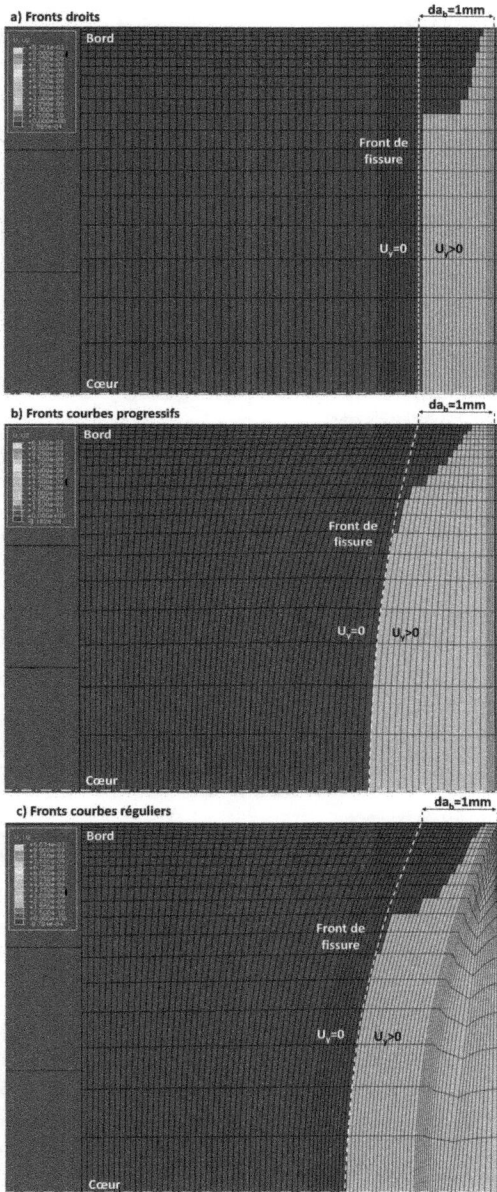

Figure 48 : Observation de la zone fermée pour $da_b=1mm$ dans le cas des a) *fronts droits,* b) *fronts courbes progressifs* et c) *fronts courbes réguliers*

91

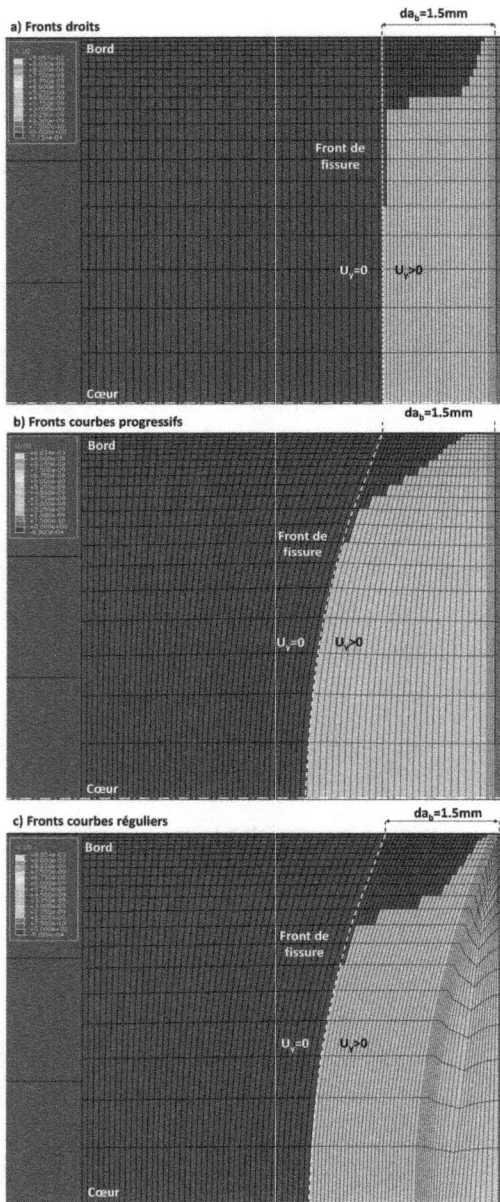

Figure 49 : Observation de la zone fermée pour $da_b=1.5mm$ dans le cas des a) *fronts droits,* b) *fronts courbes progressifs* et c) *fronts courbes réguliers*

La fermeture est principalement localisée près de la surface libre. Les influences de la longueur et de la forme de fissure sur la fermeture sont très nettes et, de plus, les formes et tailles des zones de contact sont différentes, à cause des différentes histoires de formes de fissure. On peut noter que :

- Pour $da_b=0.5mm$, les formes des surfaces de fermeture prédites pour les *fronts droits* et *courbes progressifs* sont très similaires : les histoires des formes des fronts antérieurs sont assez comparables. même si la zone de contact est supérieure dans le cas des *fronts droits*. Par ailleurs, la longueur de la zone de contact au bord est aussi supérieure pour les *fronts droits* (*0.35mm*) que pour les fronts *courbes progressifs* (*0.25mm*). La zone de contact détectée avec les *fronts courbes* est assez semblable à celle des *fronts droits*, surtout près de la surface libre (même longueur de zone fermée) pour s'éloigner progressivement en s'approchant du cœur de l'éprouvette (absence de fermeture à cœur) ;

- Pour $da_b=1mm$, la forme de la zone fermée dans le cas des *fronts courbes progressifs* est plutôt triangulaire, avec une surface de contact beaucoup plus faible que celle détectée par les *fronts droits (rectangulaire)* et *courbes réguliers*. Il est aussi intéressant de noter que la longueur de la zone fermée au bord croit plus rapidement dans les cas des *fronts courbes réguliers* et *droits* (*0.85mm*) que pour les fronts courbes *progressifs* (*0.7mm*). Ceci pourrait être à l'origine de la non stabilisation de K_{op}^{ℓ} au bord (<u>Figure 46</u>a)) pour l'intervalle des longueurs exploitées. Les surface de fermeture obtenues avec des fronts courbes *réguliers* et *droits* restent très proches ;

- Finalement, pour $da_b=1.5mm$, la longueur de la zone fermée au bord de l'éprouvette dans le cas des fronts *courbes progressifs* augmente son écart (*1.1mm*) par rapport aux deux autres (*1.35mm*), en entrainant une réduction ultérieure de la rapidité de stabilisation. La longueur de la zone fermée au bord semble stabilisée (*fronts droits*) ou reste très proche de la stabilisation, comme confirmé par la <u>Figure 46</u>a) (*fronts courbes réguliers*, même si le test montré dans l'*Annexe A* en <u>Figure 105</u> prévoit *1mm* de propagation de plus avant la stabilisation, mais avec un nombre global de cycles réduit de moitié).

En conclusion, ces premières comparaisons ont montré une forte dépendance de l'évolution de la fermeture (valeurs de K_{op}^{ℓ}, forme et surface) de la forme des fronts de fissure.

Afin de s'approcher d'une description correcte de la géométrie du front de fissure, une tentative de traduction, dans le logiciel ABAQUS, de la forme des fronts observés expérimentalement par [118] a été effectuée au travers d'une description mathématique.

4. Autres fronts géométriques préétablis

4.1 Acquisition de la forme réelle

Dans ce paragraphe, l'acquisition de la forme finale réelle de la fissure a été obtenue à partir d'observations optiques d'une éprouvette fissurée. Ce test, réalisé par Arzaghi [118], consiste à faire propager la fissure à ΔK constant en alternant l'environnement (air/vide) de façon à bien mettre en évidence les formes des fronts de fissure (Figure 50).

Le but est de reproduire numériquement une forme très proche de la forme réelle dans le logiciel ABAQUS. Les conditions d'essais étaient $\Delta K = 15 MPa\sqrt{m}$ et $R = 0.1$.

Les fronts considérés sont ceux correspondants à une propagation sous air.

L'acquisition des coordonnées spatiales des six courbes (soit six demi-fronts) marquées en rouge en Figure 50 a été réalisée à l'aide du logiciel *Photoshop* : onze points (dix intervalles) équidistants ont été considérés le long de chacun des demi-fronts.

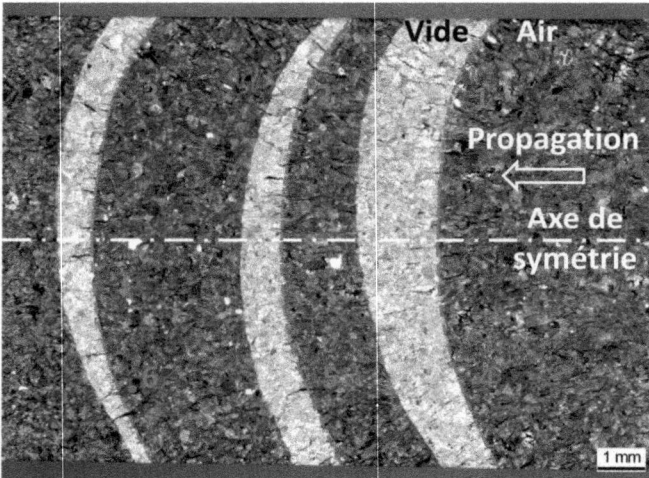

Figure 50 : Observation des fronts réels de propagation lors d'un essai de fissuration, mené par Arzaghi [118], dans les zones de transition air/vide à $\Delta K = 15 MPa\sqrt{m}$ et $R = 0.1$.

Les six demi-fronts acquis ont été tracés en Figure 51 : les coordonnées spatiales le long de la direction de propagation sont mesurées à partir du bord de l'éprouvette.et les trois demi-fronts inférieurs ont été renversés et superposés aux trois de la partie supérieure.

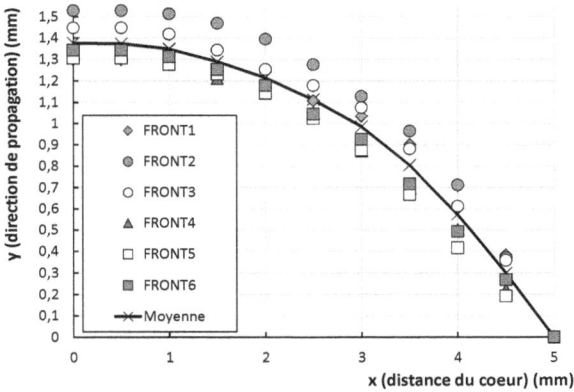

Figure 51 : Superposition des six demi-fronts obtenus par observation expérimentale [118].

On peut noter que les trois demi-fronts de la partie inférieure (4, 5 et 6) présentent des formes assez comparables le long de la demi-épaisseur, le front 1 étant proche de ces trois seulement près du cœur de l'éprouvette. Les fronts 2 et 3 (partie supérieure de l'observation), quant à eux, se détachent plus nettement des autres tout au long de la demi-épaisseur.

Les valeurs moyennes et les écarts des coordonnées spatiales des six demi-fronts dans la direction de propagation sont résumés dans le Tableau 4. Ceci témoigne notamment de l'écart important qui existe entre les valeurs moyennes déterminées.

Distance du cœur (mm)	Moyenne (mm)	Ecart (mm)
5	0	0
4.5	0.299	0.075
4	0.574	0.112
3.5	0.804	0.115
3	0.985	0.099
2.5	1.113	0.089
2	1.215	0.088
1.5	1.289	0.091
1	1.348	0.088
0.5	1.373	0.085
0	1.376	0.084

Tableau 4 : Moyennes et écart des coordonnées spatiales dans la direction de propagation.

Enfin une interpolation de type polynômial des valeurs moyennes a été obtenue à l'aide du logiciel EXCEL : il semble qu'une interpolation polynômiale d'ordre 4 minimise bien la distance entre points de mesure expérimentaux et interpolation, comme en témoigne la valeur du coefficient de régression R^2 :

$$y = 0.003x^4 - 0.0085x^3 - 0.0188x^2 - 0.0096x + 1.379 \qquad \text{(Equ.II. 14)}$$

$$R^2 = 0.9998 \qquad \text{(Equ.II. 15)}$$

Avec les coordonnées x et y correspondant respectivement à la distance du cœur de l'éprouvette et à la direction de propagation dans le plan de fissuration.

La courbe moyenne interpolée des six demi fronts a été ajoutée en Figure 51.

4.2 Résultats des simulations numériques

Le front déterminé par l'acquisition des données expérimentales a été ensuite introduit dans le logiciel ABAQUS grâce à un script avec le langage de programmation PYTHON.

La Figure 52 montre la comparaison de la courbe interpolée superposée avec le demi-front numéro 3 observé (le plus proche de la moyenne) et insérée dans 4 différents modèles numérique aux éléments finis sous ABAQUS, aux longueurs de fissure $da_b = 1.5mm$, $2.5mm$, $3mm$ et $4mm$.

A différence des modèles avec des fronts de propagations *droits*, *courbes réguliers* et *courbes progressifs*, aucune forme géométrique intermédiaire spécifique n'a été introduite dans le modèle à cause de la méconnaissance des formes de fissure entre le front initial (droit) et le front final (courbe moyenne). Par conséquent, la génération du maillage dans chacun des quatre modèles qui suivent a été réalisée en imposant seulement le nombre d'éléments entre les fronts initiaux et finaux.

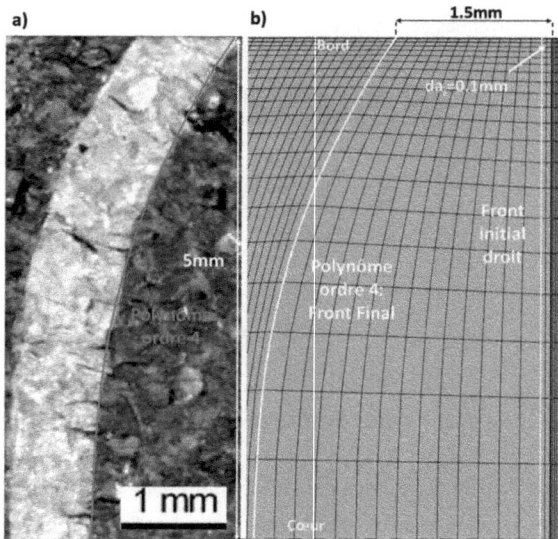

Figure 52 : Comparaison de la forme réelle acquise a) superposée sur le front numéro 3 et b) reproduite dans le modèle aux éléments finis sous ABAQUS.

96

La taille des éléments dans le plan de propagation a été doublée (*0.1mm*) par rapport aux modèles précédents afin d'atteindre des longueurs de propagation supérieures aux précédentes (jusqu'à *4mm*) et vérifier la stabilisation de la fermeture. Une étude paramétrique, présentée en *Annexe A*, a permis de vérifier que les valeurs de K_{op}^{ℓ} sont très peu différentes avec un maillage de 0.05mm ou 0.1mm. Le nombre de cycles entre chaque relâchement est toujours égal à *15*.

Par contre, les conditions de simulation sont les suivantes : $\Delta K = 12 MPa\sqrt{m}$ et $R = 0.1$ afin de comparer les résultats obtenus avec le modèles précédents.

La <u>Figure 53</u> montre la comparaison des allures des facteurs d'intensité effectifs locaux de contraintes ΔK_{eff}^{ℓ} et des taux d'ouverture $U = \dfrac{\Delta K_{eff}^{\ell}}{\Delta K^{\ell}}$ le long du front de propagation, dans le cas de longueurs finales *da_b=1.5mm, 2.5mm, 3mm* et *4mm*.

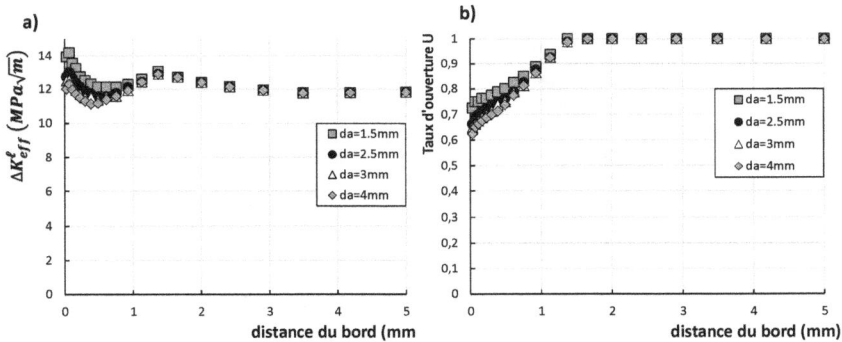

Figure 53 : Allures a) des facteurs d'intensité effectifs locaux des contraintes ΔK_{eff}^{ℓ} et b) des taux d'ouverture U le long du front de propagation, pour des longueurs au bord *da_b=1.5mm, 2.5mm, 3mm* et *4mm*.

Les résultats obtenus montrent que la fermeture tend assez nettement à la stabilisation pour *da=4mm*, car les écarts entre les courbes se réduisent progressivement.

Comme les temps de calcul augmentent considérablement avec les distances finales de fissuration, la distance *da=4mm* a été jugée satisfaisante : les oscillations des valeurs de ΔK_{eff}^{ℓ} tout près de la surface libre sont considérablement réduites en passant d'un pic maximal de 20% ($14.2 MPa\sqrt{m}$) à 4% ($12.3 MPa\sqrt{m}$) vis-à-vis de la valeur à cœur ($11.8 MPa\sqrt{m}$). Des oscillations restent toujours présentes et les valeurs sont quasiment inchangées entre *1mm* et *2mm* de distance du bord.

En conclusion, il est observable un décalage vers le bas des évolutions de ΔK_{eff}^{ℓ} jusqu'à une distance du bord de *1mm* (excursion maximale de 5.7% par rapport à la valeur à cœur) avec l'avancée de la propagation, due probablement à la stabilisation incomplète de l'état de la fermeture près du bord.

Pour toutes ces raisons les résultats obtenus aux longueurs *da=4mm* ont été retenues.

5. Comparaison des fronts géométriques préétablis

Ce paragraphe conclut sur l'influence de la forme et de la longueur de fissures sur la prédiction numérique de la fermeture induite par plasticité avec des fronts géométriques imposés a priori. La Figure 54 compare les allures des facteurs d'intensité des contraintes effectifs ΔK_{eff}^{ℓ} obtenues pour l'ensemble des modèles analysés précédemment. Les évolutions se réfèrent à la longueur finale respective da_b atteinte par chaque configuration.

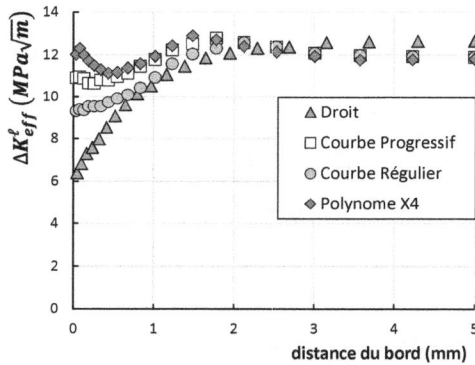

Figure 54 : Comparaison des allures des facteurs d'intensité des contraintes effectifs ΔK_{eff}^{ℓ} pour tous les modèles proposés avec géométrie préétablie, pour la longueur finale da_l.

Au travers de la Figure 54, il ressort que :

- Les allures des ΔK_{eff}^{ℓ} sont considérablement influencées par la courbure du front de fissure ;

- Les allures montrent des valeurs assez différentes près de la surface libre de l'éprouvette, alors que celles-ci sont quasiment identiques à cœur (sauf pour les fronts droits où les valeurs sont légèrement supérieures) ;

- Les oscillations près du bord autour de la valeur stabilisée à cœur sont nettement réduites dans le cas du front polynomial d'ordre quatre :

98

- Les oscillations dans le cas de *fronts courbes progressifs* et *polynomial* entre *1mm* et *2mm* de distance de la surface libre sont assez comparables, alors que celles près du bord de l'éprouvette (jusqu'à environ *1mm* de distance) sont inferieures dans le second cas ;

- Toutefois, même avec la reproduction numérique de la forme finale acquise, certaines oscillations dans l'épaisseur restent encore bien visibles, probablement dues à :

  ➢ La méconnaissance de l'évolution de la forme du front *au cours de la propagation* ;

  ➢ Une représentation incorrecte et difficile de la forme *au bord*.

  ➢ Un calcul effectué avec un $\Delta K = 12MPa\sqrt{m}$, alors que la forme expérimentale correspond à $\Delta K = 15MPa\sqrt{m}$.

6. Conclusions

Une étude fine de l'influence de la forme et de la longueur des fronts de propagation sur la mesure de la fermeture a été menée au travers des simulations numériques sous le logiciel aux éléments finis ABAQUS.

La propagation est faite par relâchements successifs de l'ensemble des nœuds qui composent le front de propagation. Une surface rigide, collée sur le plan de propagation est utilisée afin d'empêcher l'interpénétration des nœuds sur les lèvres de la fissure.

L'avancement du front de propagation est effectué à la charge minimale pour éviter les problèmes d'instabilité numérique.

D'après les travaux de Vor [112], une loi élasto – plastique de type Chaboche [97] avec couplage des écrouissages cinématique et isotrope non linéaires semble bien reproduire les effets Bauschinger et rochet observés dans l'acier inoxydable 304L [139, 140].

Le premier modèle numérique développé par Vor [112] correspond à une géométrie préétablie avec des fronts de propagation droits et 15 cycles entre chaque relâchement.

Des éléments hexaédriques 3D ont été employés : les recommandations de Dougherty [78] ont été considérées afin de déterminer la taille minimale des éléments dans le plan de fissuration, correspondant à l'avancement du front de propagation (une maille par relâchement). Finalement une taille de *0.05mm* a été retenue, avec un maillage progressif vers le bord de l'éprouvette pour prendre en compte correctement les gradients sévères de contraintes et déformations près de la surface libre.

Toutefois, même si la comparaison des prédictions de la fermeture numérique/expérimentale, effectuée par Vor [112] avec la méthode globale de variation de complaisance [51, [109]], montrait globalement un bon accord, les observations expérimentales des fronts [118], ont souligné qu'une forme courbe est plus en accord avec la réalité.

C'est la raison pour laquelle Chea [113], au cours de son Master 2, a considéré des arcs de cercle avec un rayon progressivement croissant lors de l'avancement, la différence finale entre les longueurs relatives à cœur da_c et au bord da_b étant de 1mm, pour $a_b=26.5mm$. Nous appelons cette géométrie à fronts courbes progressifs.

Dans la présente étude, un autre modèle avec géométrie de fronts de fissures préétablie a été développé, appelé *fronts courbe réguliers*. Le front de fissure a une forme d'arc de cercle avec un rayon constant et une différence entre longueur à cœur et au bord de l'éprouvette gardée égale à *1 mm* tout au cours de la propagation.

Les trois modèles ont été comparés en termes d'évolution des facteurs d'intensité de contraintes locaux maximaux K_{max}^ℓ, à l'ouverture K_{op}^ℓ et effectif ΔK_{eff}^ℓ le long des fronts de propagation pour des longueurs relatives $da_b=0.5mm$, *1mm* et *1.5mm*. Les zones de contact, à la charge minimale, prédites par les modèles ont été également observées et comparées.

Les facteurs d'intensité de contraintes sont calculés comme suit :

- Le FIC élastique K_{max}^ℓ est déterminé avec un calcul élastique pour chaque nœud appartenant aux fronts de fissure considéré par le biais de la méthode énergétique de l'intégrale J ;

- Le FIC à l'ouverture K_{op}^ℓ est déterminé comme la valeur proportionnelle de K_{max}^ℓ en fonction du rapport P_{op}/P_{max}, où P_{max} est la charge imposée à longueur établie, selon l'Equ.II.4 et P_{op} la charge correspondant à la première perte de contact entre la lèvre supérieure de la fissure et la *surface rigide* collée sur le plan de propagation, pendant la phase de montée d'un cycle;

- Le FIC effectif ΔK_{eff}^ℓ est obtenu par différence entre les valeurs locales de K_{max}^ℓ et de K_{op}^ℓ en chaque nœud du front considéré.

A l'issue des différentes comparaisons montrées il ressort que :

- Le modèle avec *fronts* de fissure *droits* donne en général un meilleur accord avec la relation analytique dans le cadre du FIC élastique, alors que les modèles avec fronts *courbe progressifs* et *courbes réguliers* conduisent à des valeurs plus élevées. Les calculs de la charge à imposer pour assurer un ΔK constant tout au cours de la propagation se basent sur la longueur au bord, en accord avec les essais, cependant la longueur au bord coïncide avec celle à cœur dans le cas des *fronts droits* uniquement. La courbure du front de fissure

100

entraine une redistribution des contraintes le long de l'épaisseur ; l'influence de la forme du front de fissure sur l'allure de K^{ℓ}_{max} qui en résulte est évidente ;

- La fermeture est observée principalement près de la surface libre, en accord avec la littérature. Les valeurs de K^{ℓ}_{op} prédites par les fronts *courbes réguliers* sont supérieures à celles détectées par les *fronts droits* et *courbes progressifs* pour les trois longueurs *da* envisagées. Une fermeture réduite est également observable à cœur dans le cas des *fronts droits* pour les longueurs comprises entre *0.25mm* et *1.15mm* et, de manière encore plus faible, entre *0.19mm* et *0.75mm* en ce qui concerne les *fronts courbes progressifs* ;

- La zone de contact observée à la charge minimale est bien supérieure dans les cas des *fronts courbes réguliers* et *droits* par rapport aux fronts *courbes progressifs*. La valeur de K^{ℓ}_{op} au bord, détectée avec les *fronts droits* semblerait tendre à une stabilisation plus rapide par rapport aux autres deux modèles.

Ensuite l'acquisition de la forme réelle de la fissure, par le biais des observations expérimentales, a été faite et reproduite sous ABAQUS avec une fonction polynomiale d'ordre 4.

Comme les informations relatives aux formes transitoires en démarrant d'une entaille droite ne sont pas connues, aucune hypothèse sur les formes des fronts transitoires n'a été effectuée.

Le pas d'avancement des fronts de fissure a été doublé (*0.1mm*) afin d'atteindre des longueurs finales jusqu'à *4mm* et vérifier la stabilisation de la fermeture.

Les comparaisons avec les modèles précédents des évolutions des ΔK^{ℓ}_{eff} le long de l'épaisseur pour les longueurs finales, ont montré des réductions importantes des oscillations sur les allures, cependant certaines instabilités restent encore visibles, dues principalement à :

- La méconnaissance de l'évolution de la forme du front *au cours de la propagation* ;

- Une représentation incorrecte et difficile de la forme *au bord*.

A l'issue de ces premières analyses il semble donc que le facteur d'intensité ΔK^{ℓ}_{eff} local soit effectivement la *force motrice* de toute la propagation.

Cette hypothèse forte a constitué la base de départ pour le développement d'un outil numérique automatisé, ayant pour objectif la détermination de l'évolution de la forme de la fissure, ce qui fait l'objet du chapitre suivant.

Chapitre III :

Modèle de prédiction de la forme de fissure

III. Modèles de prédiction de la forme de fissure

1. Introduction

Le chapitre II a montré l'influence de l'histoire des différentes formes des fronts de fissure sur la prédiction de la fermeture induite par plasticité : il s'est avéré que le facteur d'intensité effectif local ΔK_{eff}^{ℓ} semble être la *force motrice* de la propagation.

Ceci a été observé, en particulier, dans le cas du modèle avec une forme finale de fissure obtenue par acquisition de la forme réelle observée expérimentalement et reproduite numériquement à travers une fonction polynomiale d'ordre 4.

Cependant, des oscillations de ΔK_{eff}^{ℓ} restent encore observables, dues probablement à la méconnaissance de l'histoire des formes intermédiaires ainsi qu'à une prise en compte incorrecte des effets de bord.

Afin de s'affranchir des hypothèses sur la forme des fronts de fissures, un modèle de prédiction de la forme a été développé, basé sur l'hypothèse d'un ΔK_{eff}^{ℓ} étant la *force motrice* de la propagation.

Dans la littérature on retrouve assez peu de propositions concernant la prédiction numérique de la forme du front avec la prise en compte des effets de fermeture (chapitre I, paragraphe 4.3).

La difficulté de développement d'un tel outil numérique est liée notamment à une prise en compte correcte du phénomène de fermeture *locale*. De plus, d'importantes ressources de calcul doivent être disponibles pour prendre en compte les non linéarités du problème.

Dans la présente étude, deux propositions différentes ont été envisagées : une méthode sans remaillage de l'éprouvette et une méthode avec remaillage.

Dans le modèle *sans remaillage* la forme des fronts de fissure est approximée par la position des nœuds le long de la demi-épaisseur de l'éprouvette CT-50 : le maillage initial reste inchangé pendant toute la propagation. Ceci autorise des temps de calcul très courts, tout en permettant de transférer les informations sur le niveau de plasticité atteint d'une simulation à l'autre. Cependant la forme des fronts de fissure est approximée par une distribution discrète de nœuds et elle sera donc liée au degré de raffinement du maillage dans le plan de propagation (taille et distribution des éléments dans le plan de propagation).

La méthode *avec remaillage* considère une description continue de la forme de fissure au travers d'une interpolation des valeurs calculées le long du front de propagation. Toutefois, il n'est pas possible de transférer les informations des champs de contraintes et de déformations d'une simulation (relâchement) à l'autre, ce qui augmente considérablement les temps de calcul et oblige à effectuer certaines hypothèses par rapport aux modèles développés avec des formes préétablies.

2. Modèle numérique de prédiction de la forme de fissure sans remaillage

2.1 Développement du modèle

La méthode *sans remaillage* consiste en une approximation discrète de la forme de fissure dépendant du nombre et de la taille d'éléments dans le plan de fissuration.

Contrairement aux modèles avec géométrie de fronts prédéfinies, la méthode énergétique de l'intégrale *J*, pour le calcul du facteur d'intensité des contraintes élastique K_{max}^{ℓ}, ne peut pas être directement appliquée dans l'environnement de l'interface utilisateur, car il est nécessaire de définir un *front continu*.

Dans l'étude bibliographique, il a été observé que plusieurs auteurs ont utilisé des méthodes d'extrapolation des déplacements en employant des éléments singuliers de Barsoum [20]. Toutefois, comme par ailleurs observé par Courtin et al. [27, 28], ABAQUS ne contient pas ce type d'élément dans sa librairie. Il serait par conséquent nécessaire de collapser des éléments hexaédriques quadratiques et de décaler les nœuds intermédiaires à un quart de la pointe de la fissure manuellement. Il existe aussi la possibilité de générer ce type d'élément à partir de la définition de la forme continue du front au préalable, ce qui a été évité a priori par l'approche choisie.

De plus, suivant [27, 28], il apparait que la méthode d'extrapolation des déplacements avec l'emploi d'éléments hexaédriques 2D et 3D montre un bon accord avec la méthode énergétique de l'intégrale *J*.

Pour toutes ces raisons, la méthode des déplacements a été retenue. Les informations portant sur les déplacements des nœuds derrière la pointe de la fissure (partie ouverte) dans la direction d'application de la charge u_y (Equ.I.3) ont été utilisées. Pour $\theta = 180°$ l'Equ.I.3 donne l'expression suivante :

$$u_y = \frac{K_I}{2\mu}\sqrt{\frac{r}{2\pi}}[\kappa + 1]$$

(Equ.III. 1)

Avec $\kappa = 3 - 4\nu$ en état de déformation plane et $\kappa = \left(\frac{3 - \nu}{1 + \nu}\right)$ en état de contrainte plane. Le facteur d'intensité de contraintes K_I est approximé par la pente de la relation linéaire $u_y - \sqrt{r}$.

Le nombre de nœuds à utiliser joue un rôle assez important pour une considération correcte de K_{max}^{ℓ}. En effet ce nombre doit être suffisant pour décrire une relation fiable entre les déplacements et la distance à la pointe de la fissure : des mesures trop proches de la pointe pourraient fausser le calcul, alors que des distances trop éloignées pourraient ne pas bien considérer la présence de la fissure.

La méthode de calcul de K_{max}^ℓ [154] proposée par ABAQUS permettait de s'affranchir des hypothèses de contraintes ou de déformations planes, tandis que la méthode de déplacement prévoit un choix précis entre les deux extrêmes.

Pour résoudre ce problème il a été proposé de choisir *une relation mathématique* entre les deux allures extrêmes correspondant à la relation polynomiale déterminée pour la description numérique du front réel observé (Equ.II.14) tout au cours de la propagation. La valeur obtenue au bord correspond à l'état de contrainte plane pure, tandis que la valeur à cœur correspond à l'état de déformation pure : le poids des deux effets des valeurs intermédiaires est donné par l'Equ.II.14.

Un exemple de calcul de K_{max}^ℓ est montré en Figure 55 dans le cas d'un front droit avec da_b=0.5mm.

Ici le calcul de K_{max}^ℓ est effectué pour le nœud voisin du bord en état de contrainte plane et pour le nœud à cœur en état de déformation plane. Une taille minimale des éléments de 0.1mm a été employé et les déplacements de 5 nœuds consécutifs, les plus proches de la pointe, ont été utilisés.

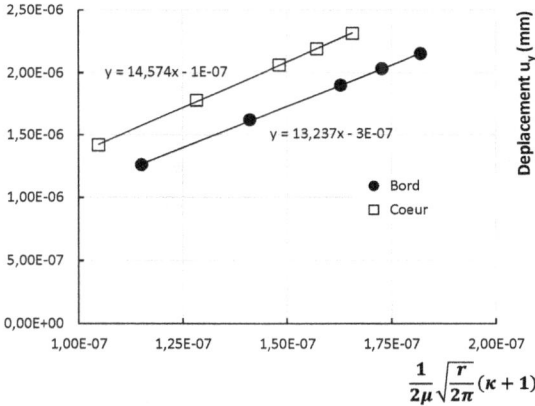

Figure 55 : Détermination du facteur d'intensité de contrainte K_{max}^ℓ avec la méthode des déplacements pour un nœud voisin du bord (en état de contrainte plane) et pour le nœud à cœur (en état de déformation plane), pour un front droit, à da_b=0.5mm.

Les déplacements des 5 nœuds se distribuent remarquablement bien le long de la droite de régression.

Pour la détermination de K_{op}^ℓ, la méthodologie de RESTART, dont ABAQUS dispose a été utilisée et mise en place.

En effet, comme le maillage n'est pas modifié pendant la propagation, les champs de contraintes et déformations peuvent être tout simplement transférés d'un relâchement (simulation) à l'autre au travers de la lecture du fichier de sortie de la simulation précédente. En plus, ceci entraîne la possibilité de repartir d'une longueur quelconque de fissure atteinte.

Les références (adresses) des nœuds restent constantes, ce qui rend possible cette condition.

Les caractéristiques du modèle sans remaillage sont résumées ici:

- Taille des éléments dans la direction de propagation égale à *0.1mm* (avancement d'un nœud par relâchement) ;

- Nombre de nœuds utilisés pour l'évaluation de K_{max}^{ℓ} avec la méthode des déplacements égal à 5 à proximité du front considéré ;

- Pré-fissuration initiale de da_b=0.1mm à da_b=0.5mm avec relâchement simultané de tous les nœuds du front (*droit*), ceci dans le but d'avoir 5 nœuds derrière le premier front droit, l'histoire de la plasticité étant conservée;

- L'histoire de la plasticité et notamment de la fermeture (calcul de K_{op}^{ℓ}) est gardée au cours des relâchements grâce à la méthodologie de RESTART présente dans ABAQUS ;

- Nombre de cycles entre chaque relâchement égal à *15*. A l'issue de chaque simulation numérique, le relâchement de un ou de plusieurs nœuds a lieu ;

- Les nœuds qui composent le front de fissure ne sont pas relâchés simultanément. Il a été choisi comme critère que les nœuds du front qui présentent une valeur de ΔK_{eff}^{ℓ} inférieure à 95% de la valeur maximale sur le front, seront relâchés ; ce critère est appliqué à partir de da_b=0.5mm.

Tous les choix présentés ont été intégrés dans un script réalisé avec le langage de programmation PYTHON ; le modèle de prédiction *sans remaillage* s'articule de la manière suivante :

- Une phase de *préparation* du modèle, dans laquelle la géométrie, la loi de comportement, le maillage, le chargement initial, les conditions aux limites et le contact sont définis pour le modèle *élastique* (calcul de K_{max}^{ℓ} avec la méthode des déplacements) et *plastique* (calcul de K_{op}^{ℓ}) ;

- Une phase de *lancement* des calculs, dans laquelle les simulations des modèles élastique et plastique sont effectuées ;

- Une phase de *post processus*, dans laquelle les résultats obtenus pour les simulations élastique et plastique sont extrapolés des fichiers de sortie : *le chargement, les conditions aux limites* et *le contact* sont mis à jour et constituent le départ pour les simulations successives.

2.2 Résultats

Les premiers résultats obtenus ont montré des fluctuations assez nettes dès le premier relâchement effectué. Pour cette raison, plusieurs typologies de filtrage des valeurs brutes de K_{op}^{ℓ} et K_{max}^{ℓ} issues des simulations élastiques et plastiques, ont été appliquées.

On écarte comme il est usuel les résultats sur les nœuds du bord. Par conséquent les valeurs considérées sont celles des 20 nœuds restant dans la demi-épaisseur.

Pour les résultats montrés dans ce paragraphe, le filtrage suivant a été employé pour le "*lissage*" des facteurs d'intensité de contraintes bruts :

$$K_{i+1,lissé}^{\ell} = \frac{\frac{\left(K_i^{\ell}+K_{i+1}^{\ell}\right)}{2}+\frac{\left(K_{i+1}^{\ell}+K_{i+2}^{\ell}\right)}{2}}{2}, i = 0, \ldots \ldots, 17 \qquad \text{(Equ.III. 2)}$$

Il s'agit d'une moyenne des moyennes entre la valeur considérée et les valeurs précédentes et suivantes. La valeur au bord est ensuite ajoutée en considérant qu'elle a la même valeur que celle du nœud voisin.

Les résultats des allures des facteurs d'intensité de contraintes locaux le long du front d*iscrétisé*, dans le cas de da_b=0.5mm (front de départ droit, après quatre relâchements simultanés des nœuds) et après 9 simulations successives, sont reportés en Figure 56 a) et 57 a), tandis que la forme des fronts de fissure correspondants est montrée en Figure 56 b) et 57 b).

Le déplacement dans la direction d'application de la charge est interdit pour les nœuds en rouge, tandis que le front de fissure est indiqué avec des ronds blancs.

Dans la Figure 56, les allures des facteurs d'intensité de contraintes locaux sont en accord avec celles trouvées dans le cas de fronts droits. Le facteur d'intensité de contraintes élastique K_{max}^{ℓ} montre des valeurs plus élevées à cœur qu'au bord de l'éprouvette, alors que la valeur du facteur d'intensité de contraintes à l'ouverture K_{op}^{ℓ} est plus faible à cœur (absence de fermeture) et plus élevée près du bord. Finalement l'évolution du facteur d'intensité de contraintes effectif ΔK_{eff}^{ℓ} est montrée, avec un écart important entre les valeurs près du bord et du cœur de l'éprouvette.

Dans la Figure 57, les allures des facteurs d'intensité de contraintes locaux montrent des fortes oscillations. La valeur du facteur d'intensité de contraintes élastique K_{max}^{ℓ}, notamment, décroît au milieu de la demi-épaisseur de l'éprouvette, où la forme montre les plus grandes instabilités, et, surtout, à cœur, où le nœud avance plus rapidement par rapport au reste du front de fissure.

D'autres essais réalisés pour différents cas ont toujours montré des fortes oscillations des résultats au niveau des 'sauts' sur le front, à l'origine de l'évolution incohérente de la forme du front. Cette technique a été alors abandonnée.

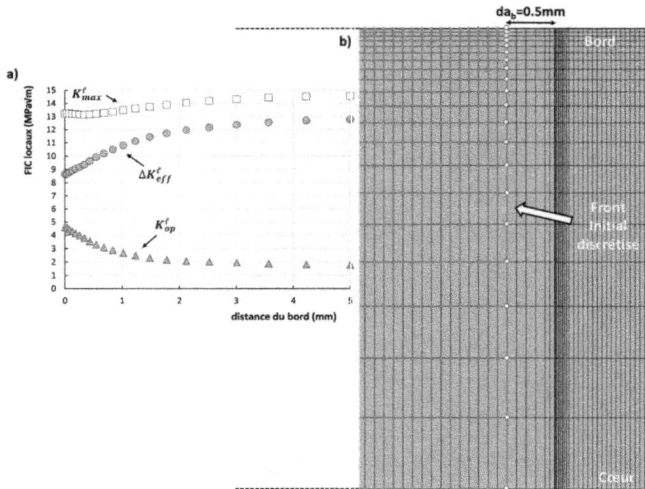

Figure 56 : a) Allures des facteurs d'intensité de contraintes locaux le long du front discrétisé pour da_b=0.5mm et b) forme initiale discrète du front de fissure.

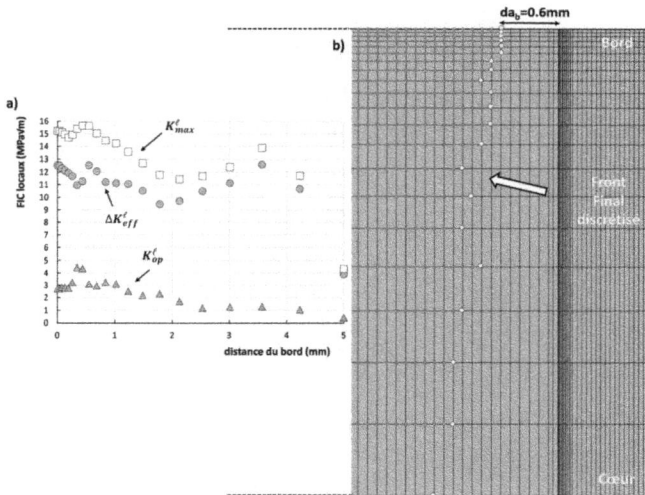

Figure 57 : a) Allures des facteurs d'intensité de contraintes locaux le long du front discrétisé après neuf simulations et b) forme finale discrète du front de fissure.

110

2.3   Conclusions

La méthode de prédiction de la fermeture induite par plasticité *sans remaillage* a été présentée. La forme des fronts de fissure est *discrétisée* par la position des nœuds le long de la demi-épaisseur. Le facteur d'intensité de contraintes élastiques K_{max}^{ℓ} a été déterminé avec la méthode des déplacements, à cause des limitations du logiciel et l'allure dans le cas de front droit est en accord avec la méthode énergétique d'ABAQUS [154].

La description polynomiale d'ordre 4 du front de fissure réel a été utilisée comme facteur d'évaluation des valeurs locales calculées des déplacements en état de contraintes et de déformations planes, en fonction de la position le long du front.

La méthodologie de RESTART, dont ABAQUS dispose, permet de transférer les champs de contraintes et de déformations d'un calcul à l'autre, tout en conservant les informations de plasticité.

Le grand avantage de cette méthode consiste en une réduction considérable des temps de calcul.

Toutefois, les résultats obtenus ont montré des oscillations très nettes des allures des facteurs d'intensité de contraintes locaux, même en réalisant différentes méthodologies de filtrage des valeurs brutes issues des calculs numériques. Ces oscillations n'ont pas permis d'estimer correctement une approximation discrète de la forme de fissure, ce qui nous a amené à considérer d'autres méthodes de prédiction.

3.   Modèle numérique de prédiction de la forme de fissure avec remaillage

3.1   Introduction

La méthode de prédiction de la forme ultérieure de front de fissure avec remaillage de la pièce avec la prise en compte simultanée de la fermeture induite par plasticité a été exploitée par quelques auteurs (chapitre I, paragraphe 4.3).

Toutefois, dans ces propositions, des hypothèses fortes liées aux temps de calcul et aux puissances de calcul ont été formulées.

Des problèmes importants sont rencontrés, liés à l'impossibilité de transférer les champs de contraintes et déformations du modèle élasto-plastique avant remaillage à celui post remaillage : les informations et le nombre de nœuds changent d'un modèle à l'autre, ce qui ne permet pas une association directe, comme dans le cas de la méthode *sans remaillage*.

Par conséquent, il sera nécessaire de démarrer toujours en début de propagation afin de bien garder l'histoire de la plasticité, ce qui augmente considérablement la complexité du problème.

Hou [148, 149] a proposé un schéma fixe pour le modèle plastique, basé sur un maillage semi-elliptique des fronts de fissure : seul le modèle élastique est soumis à remaillage après mise à jour de la forme de fissure, ce qui ne nécessite pas de transférer d'information du modèle pré et post remaillage.

Branco et Antunes ont proposé de considérer un schéma de prédiction de la forme des fronts basé sur un modèle élastique, avec prise en compte de la fermeture induite par plasticité par le biais de modèles élasto-plastiques avec des fronts de fissure droits et courbes [75]. Autrement la fermeture induite par plasticité a été considérée, dans des modèles linéaires élastiques, pour le seul nœud sur la surface libre [74, 76].

Cependant, il a été observé que le taux de fermeture, ainsi que la surface de la zone de contact dépendent fortement de la forme de front de fissure considérée : des hypothèses sur la forme des fronts dans le modèle plastique pourraient entrainer une sous-estimation ou surestimation du taux de fermeture évalué.

Par conséquent, au vu des puissances et des possibilités de calcul dont le laboratoire dispose, il a été choisi de procéder à un remaillage de l'éprouvette dans le cas des deux calculs élastique et élasto-plastique. Certaines hypothèses ont été effectuées afin de réduire le temps de calcul, tout en permettant un dialogue direct tout au cours de la propagation entre les modèles élastiques et élasto-pastiques développés.

3.2   Développement du modèle

Les limitations dues à des temps de calculs très élevés entrainent certains choix stratégiques qui diffèrent par rapport aux modèles avec géométrie préétablie, présentés dans le chapitre II :

- Le *nombre de cycles* entre chaque relâchement a été fixé à 5, ce qui semble être assez satisfaisant, vu l'utilisation d'un cycle seulement dans les travaux de Hou [148, 149], ainsi que de 2 cycles par Branco et al. [75];

- Des éléments hexaédriques linéaires à intégration *réduite* [59, 77] ont été employés dans la partie maillée plus finement, notamment dans la zone de propagation (remaillage), ce qui réduit de moitié les temps de calcul par rapport aux éléments à intégration complète ;

- L'avancement maximal dans le plan de propagation entre 2 fronts successifs est fixé à *0.1mm* et il est imposé à cœur ;

- Tous les nœuds du front de fissure sont relâchés simultanément avec avancée Δa calculée selon la relation proposée initialement par Lin et Smith [17- 19] et modifiée dans la présente étude pour la prise en compte de la fermeture induite par plasticité :

$$\Delta a_i = \left(\frac{\Delta K_{eff,i}}{\Delta K_{eff,max}} \right)^m \Delta a_{max} \qquad \text{(Equ.III. 3)}$$

Où Δa_{max} est l'avancement maximal imposé égal à 0.1mm, $\Delta K_{eff,max}$ est le facteur d'intensité de contrainte effectif maximal le long du front et $\Delta K_{eff,i}$ est le facteur d'intensité de contrainte effectif pour le nœud i appartenant au front. L'exposant de la loi de Paris m a été choisi égal à 4 [112].

- La position des différents nœuds après relâchement est alors interpolée par différentes expressions mathématiques, avec différents niveaux de complexité, à savoir :

  - *Parabole* ;

  - *Ellipse* ;

  - *Polynôme* d'ordre 4.

Remarque :

Certains paramètres, comme la *taille minimale des éléments dans le plan de propagation (0.05mm), le nombre de cycle entre chaque relâchement, le type de maillage dans l'épaisseur (régulier)* et *le type d'éléments employés (intégration complète)* ont été préalablement testés. Il en résulte que sur des longueurs de propagation réduites (jusqu'à environ $da_b=0.85mm$, à savoir entre 15 et 25 relâchements), les choix retenus représentent le meilleur compromis entre la qualité des résultats obtenus et les temps de calcul.

De plus, une étude sur l'influence simultanée des nombres de cycles et de la taille minimale des éléments (avancement) dans le plan de fissuration est reportée en *Annexe B* pour les *fronts droits*.

Le schéma adopté pour le développement de ce modèle prévoit certains aspects similaires à celui décrit dans la méthode de prédiction sans remaillage et est présenté dans la <u>Figure 58</u>.

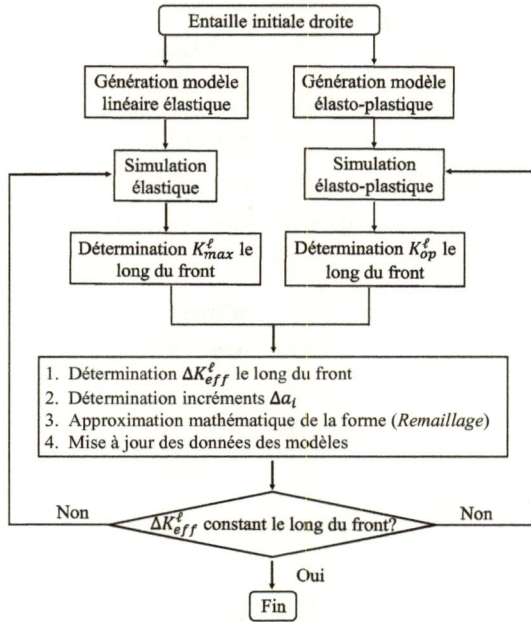

Figure 58 : Schéma proposé pour la prédiction de la forme du front de fissure avec remaillage

Les modèles initiaux sont générés avec le maillage et les conditions aux limites établis. Ensuite les facteurs d'intensité de contraintes élastique K_{max}^{ℓ} par un calcul élastique et à l'ouverture K_{op}^{ℓ} par un calcul plastique sont déterminés pour chaque nœud appartenant au front de fissure considéré.

Chaque calcul élasto-plastique a nécessité l'emploi de 128 processeurs en parallèle pendant environ 10 jours.

La distribution du facteur d'intensité de contraintes effectif ΔK_{eff}^{ℓ} est obtenue et l'avancement de chaque nœud est donné par l'Equ.III.3.

Les avancées des nœuds appartenant au front de fissure considéré établissent les nouvelles coordonnées dans le plan de propagation pour le front suivant. Or cette distribution pourrait générer des formes de fronts de fissure instables, car la distribution du facteur d'intensité de contraintes effectif ΔK_{eff}^{ℓ} le long du front peut présenter des oscillations locales.

C'est la raison pour laquelle différentes interpolations mathématiques ont été proposées, basées sur les propositions fournies par la littérature et par les observations de la forme réelle du front, décrite dans le chapitre II.

Le nouveau front de fissure est décrit par une interpolation mathématique des nouvelles positions des nœuds, données par l'addition de l'avancée Δa_i à l'ancienne position. Les différentes interpolations utilisées seront présentées dans le paragraphe suivant : les données des deux modèles sont mises à jour pour les simulations successives, qui seront effectuées tant que la condition de sortie (ΔK_{eff}^{ℓ} *constant le long du front*) n'est pas vérifiée.

Les conditions de chargement imposées sont $\Delta K = 12 MPa\sqrt{m}$ et *R=0.1*.

Pour chacune des interpolations présentées les sous-paragraphes correspondants sont organisés de la manière suivante :

- **Description mathématique de la forme.**

  Ce paragraphe a pour objectif la présentation des formes des fronts de fissures obtenues avec la méthode de remaillage, proposée dans le schéma de <u>Figure 58,</u> et ce pour les différentes interpolations mathématiques proposées ;

- **Présentation des formes des fronts de fissure prédites par le modèle ;** à partir d'un front initial droit avec une longueur relative *da=0.1mm.*

- **Présentation des résultats numériques et comparaison des formes des fronts prédites numériquement et observées expérimentalement.**

  Le paragraphe qui suit a pour objectif la présentation des résultats en termes d'évolutions des facteurs d'intensité de contraintes locaux, obtenues avec les différents modèles de prédiction de la forme des fronts de fissure, ainsi que la comparaison des formes des fronts expérimentaux et numériques. En plus, une discussion critique portant sur l'évolution du facteur d'intensité de contraintes effectif ΔK_{eff}^{ℓ} le long des fronts finaux sera abordée.

3.3 Approche simple : *Parabole*

3.3.1 Description mathématique de la forme

Tout d'abord une approche simple a été employée. La forme du front de fissure a été approximée avec une interpolation quadratique du type :

$$y = ax^2 + bx + c \qquad \text{(Equ.III. 4)}$$

Le système de repère est présenté dans la Figure 51 dans le chapitre II et rappelé dans la Figure 59 ci-après. Les coordonnées x *et* y correspondent respectivement à la distance du cœur de l'éprouvette et à la direction de propagation dans le plan de fissuration. Cette stratégie permet de simplifier le choix de la fonction et les conditions aux limites imposées, notamment une tangente horizontale plutôt qu'une verticale.

Les coefficients a, b et c ont été déterminés à chaque étape de la propagation en imposant les conditions aux limites :

- Passage de la parabole par le nœud voisin du bord ;
- Passage de la parabole par le nœud à cœur ;
- La symétrie de l'éprouvette impose que le front de fissure à l'axe médian de l'éprouvette. Dans le système de coordonnées reporté en Figure 59 la tangence est imposée selon l'axe x, en entrainant une dérivée nulle de y.

Il s'agit, alors, d'une approche plutôt 'globale' (voire bidimensionnelle) qui ne prend pas en compte la distribution du facteur d'intensité de contraintes effectif local ΔK_{eff}^{ℓ} le long du front, mais considère seulement les valeurs extrêmes près du bord et à cœur de l'éprouvette.

Cette approche a été initialement utilisée par Newman et Raju [146] où les avancées de deux points extrêmes gèrent la forme de la fissure, en utilisant des formes semi-circulaire ou semi-elliptique.

3.3.2 Evolution des fronts de fissure prédite par le modèle

L'évolution de la forme des fronts de fissure prédite par le modèle avec remaillage de la pièce en utilisant l'approche simple de la *parabole* est montrée dans la Figure 59.

La longueur finale atteinte au bord est égale à 3mm, tandis que l'écart final entre les longueurs mesurées à cœur et au bord est égal à 1.385mm. Dans la même figure, le repère utilisé pour la génération de la forme des fronts, selon les conditions imposées aux limites, est également reporté.

116

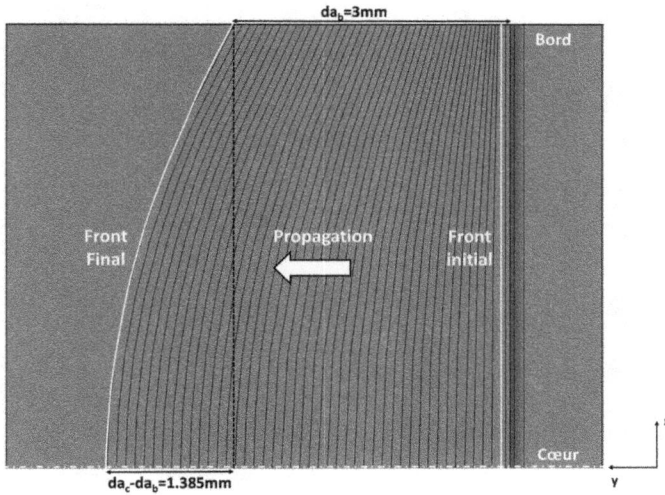

Figure 59 : Evolution de la forme des fronts de fissure ; description parabolique de la forme des fronts de fissure avec conditions aux limites imposées.

3.3.3 Résultats et comparaison des prédictions numériques de la forme des fronts avec les essais expérimentaux

3.3.3.1 Comparaisons des formes finales

La Figure 60 compare la forme finale prédite par le modèle numérique (en rouge) et les fronts observés expérimentalement. Par la suite les comparaisons des formes seront effectuées sur toute l'épaisseur de l'éprouvette (10mm).

Un bon accord est globalement retrouvé : la rigidité excessive de la forme mathématique retenue est principalement visible près du bord, avec une courbure prédite trop faible.

117

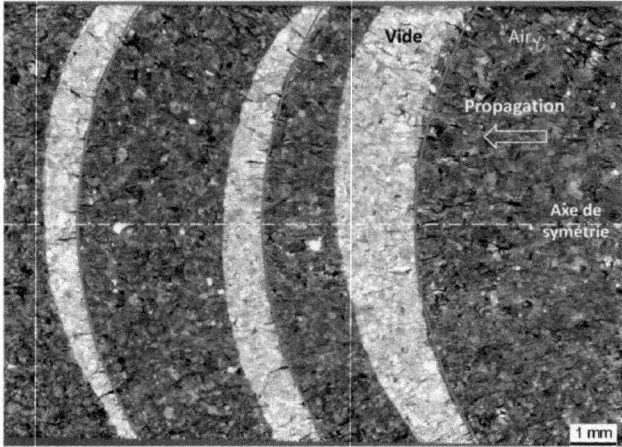

Figure 60 : Formes finales des fronts numériques avec description parabolique de la forme des fronts de fissure : comparaison numérique/expérimental.

3.3.3.2 Evolutions des facteurs d'intensité de contraintes locaux

Les prédictions des allures des facteurs d'intensité de contraintes locaux et la comparaison des formes finales numériques et expérimentales sont d'abord présentées.

Nous souhaitions ici quantifier l'évolution au cours de la propagation :

- De la forme du front de fissure. Ceci sera fait en traçant l'écart entre les longueurs à cœur et au bord : $\Delta a_{c-b} = da_c - da_b$;

- D'une stabilisation éventuelle des valeurs de ΔK_{eff}^{ℓ}. Pour cela l'écart absolu en pourcentage de ΔK_{eff}^{ℓ} le long de la demi-épaisseur, appelé $E_{abs}\% \Delta K_{eff}^{\ell}$, est défini comme suit :

$$E_{abs}\% \Delta K_{eff}^{\ell} = \frac{\left(\Delta K_{eff,max}^{\ell} - \Delta K_{eff,min}^{\ell}\right)}{\Delta K_{eff,max}^{\ell}} * 100 \qquad \text{(Equ.III. 5)}$$

- D'une stabilisation éventuelle des valeurs de ΔK_{eff}^{ℓ} à cœur et au bord de l'éprouvette. Pour cela l'écart relatif en pourcentage de ΔK_{eff}^{ℓ} pour le nœud à cœur et celui voisin du bord, appelé $E_{rel}\% \Delta K_{eff}^{\ell}$, est défini comme suit :

118

$$E_{rel}\% \, \Delta K_{eff}^{\ell} = \frac{abs\left(\Delta K_{eff,coeur}^{\ell} - \Delta K_{eff,bord}^{\ell}\right)}{\Delta K_{eff,max}^{\ell}} * 100 \qquad \text{(Equ.III. 6)}$$

Où $\Delta K_{eff,max}^{\ell}$, $\Delta K_{eff,min}^{\ell}$, $\Delta K_{eff,coeur}^{\ell}$ et $\Delta K_{eff,bord}^{\ell}$ sont respectivement la valeur maximale, minimale, à cœur et au bord de l'éprouvette de la distribution locale de ΔK_{eff}^{ℓ} le long du front de propagation.

Les évolutions de $E_{abs}\% \, \Delta K_{eff}^{\ell}$ et de Δa_{c-b} sont finalement reportées respectivement en <u>Figure 61</u> a) et b).

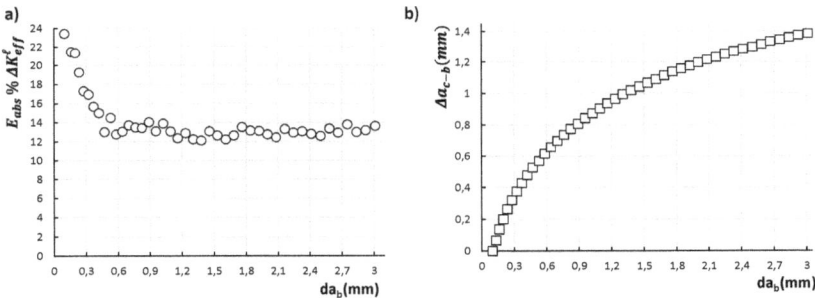

Figure 61 : a) $E_{abs}\% \, \Delta K_{eff}^{\ell}$ et b) Δa_{c-b} le long de la propagation pour les formes paraboliques des fronts de fissure.

L'évolution de l'$E_{abs}\% \, \Delta K_{eff}^{\ell}$ en <u>Figure 61</u>a) montre un plateau à 13%.

Cet écart qui demeure élevé se justifie par la démarche employée par l'interpolation de la parabole, qui utilise seulement les valeurs au bord et à cœur de ΔK_{eff}^{ℓ}. Cette interpolation "2D" ne permet pas de prendre correctement en compte le phénomène.

Par ailleurs, l'évolution de l'écart des longueurs Δa_{c-b} en <u>Figure 61</u>b) ne montre pas de stabilisation. Après une réduction initiale de la rapidité de croissance de la courbe, une stabilisation de la croissance demeure : l'écart des longueurs continue à augmenter au cours de la propagation.

Les différentes évolutions des facteurs d'intensité effectifs de contraintes locaux le long du front sont données en <u>Figure 62</u> dans 3 cas, au cours de l'avancée :

- Front initial droit ;

- Front intermédiaire correspondant à la valeur minimale de l'$E_{abs}\% \, \Delta K_{eff}^{\ell}$ et à la longueur au bord $da_b = 1.38mm$;

119

- Front final ;

Pour le front initial ΔK_{eff}^{ℓ} augmente du bord vers le cœur. Dans les deux autres cas les valeurs de ΔK_{eff}^{ℓ} au bord et à cœur sont proches, puis on observe une chute des valeurs de ΔK_{eff}^{ℓ} avec un minimum global à environ 0.5mm de distance du bord.

En effet, plus aucune amélioration de la forme entre le front "intermédiaire" et final n'est observable, ce qui permet de conclure que, probablement, aucun changement ne se vérifierait si on continuait la propagation.

Ceci démontre bien qu'une forme parabolique ne permet pas de bien prendre en compte les phénomènes de bord.

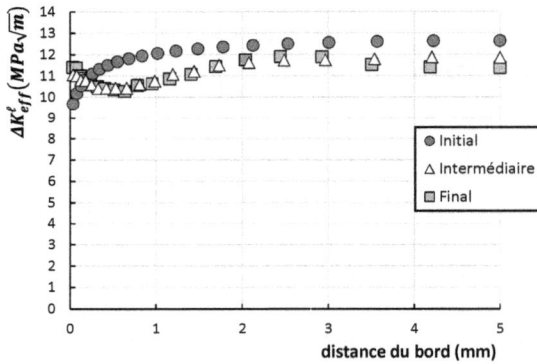

Figure 62 : Evolution de ΔK_{eff}^{ℓ} le long de la demi-épaisseur pour le front initial droit, le front intermédiaire correspondant à la valeur minimale de l'$E_{abs}\% \Delta K_{eff}^{\ell}$ et pour le front final de forme parabolique.

Par contre l'écart relatif $E_{rel}\% \Delta K_{eff}^{\ell}$ entre les valeurs extrêmes de ΔK_{eff}^{ℓ} utilisées pour la définition de la parabole se réduit progressivement au cours de l'avancée de la propagation (<u>Figure 63</u>) jusqu'à atteindre des valeurs quasi-nulles.

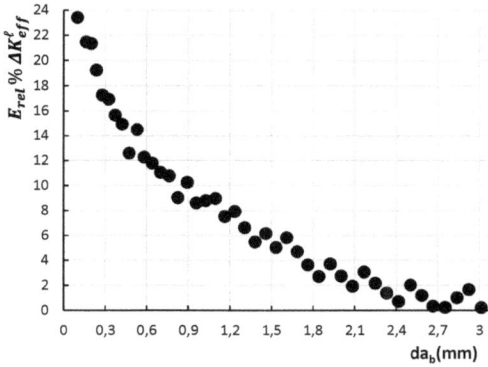

Figure 63 : $E_{rel}\% \Delta K_{eff}^{\ell}$ le long de chaque front de propagation en fonction de la propagation de fissure.

Enfin, une analyse plus fine des allures des facteurs d'intensité de contraintes locaux au cours de la propagation a été menée pour le nœud voisin du bord et pour celui à cœur de l'éprouvette, comme révélé par les <u>Figures 64</u>a) et b) en fonction respectivement des longueurs relatives au bord da_b et à cœur da_c.

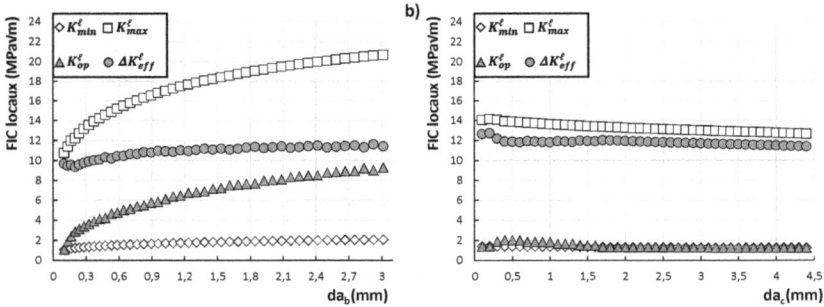

Figure 64 : Allures des facteurs d'intensité de contraintes locaux pour a) le nœud voisin du bord et b) le nœud à cœur de l'éprouvette pour les formes paraboliques.

Les allures des facteurs d'intensité de contraintes maximaux locaux K_{max}^{ℓ} pour les deux nœuds considérés montrent des valeurs respectivement croissantes et décroissantes à cause de la variation de la forme de fissure. Les valeurs au bord deviennent très tôt au cours de la propagation supérieures à la valeur de $K_{max} = 13.33 MPa\sqrt{m}$ imposée, tandis qu'à cœur on note le contraire en accord avec les formes courbes préétablies traitées dans le chapitre II.

De plus la fermeture n'est pas stabilisée au bord comme souligné par la croissance de la courbe de K_{op}^{ℓ}, tandis qu'une très faible fermeture à cœur est détectée jusqu'à $da_c=1.6mm$ seulement.

121

Enfin, les évolutions de ΔK_{eff}^{ℓ} montrent une stabilisation proche de la valeur de $11.5 MPa\sqrt{m}$ pour le nœud voisin du bord et une faible réduction avec l'avancée de la fissure à cœur.

Tous les résultats montrés entraineraient par conséquent un changement de la forme ultérieure du front de fissure. Cette première proposition a démontré que la considération des seules hypothèses 2D de contraintes planes et de déformations planes n'est pas capable de bien décrire les effets locaux à l'intérieur de la pièce.

3.4   Approche classique : *Ellipse*

3.4.1   Description mathématique de la forme

Une approche plus classique trouvée dans la littérature [146- 150] est basée sur la considération d'une forme semi-elliptique du front de fissure.

La forme semi-elliptique est mathématiquement décrite par la relation suivante :

$$y = y_c + \sqrt{\frac{a^2 b^2 - b^2 x^2}{a^2}} \qquad \text{(Equ.III. 7)}$$

Où a et b représentent le demi grand axe et le demi petit axe de l'ellipse respectivement et x_c et y_c les coordonnes du centre de l'ellipse. Toutefois, au vu de la symétrie du problème, x_c=0, car le centre de l'ellipse doit être sur l'axe médian de l'éprouvette.

Le système de coordonnées utilisé est montré en Figure 65 et demeure inchangé.

L'algorithme de Levenberg- Marquardt [158- 160] a été utilisé pour l'interpolation des valeurs brutes, issues des simulations numériques. Ceci permet notamment de définir la fonction d'interpolation a priori et de déterminer les paramètres correspondants grâce à la méthode des moindres carrés non linéaires.

Les premiers tests effectués ont montré des problèmes dans la détermination des paramètres, car le front de départ est droit. Pour cette raison il a été choisi de fixer le demi grand axe a constant tout au cours de la propagation.

Cette valeur a été déterminée par le biais de l'algorithme de Levenberg- Marquardt et appliquée sur les coordonnées relevées et moyennées de la forme réelle dans le chapitre II. Le demi grand axe déterminé est le suivant :

$$a = 5.69mm \qquad \text{(Equ.III. 8)}$$

L'ellipse déterminée numériquement par l'algorithme a été superposée au front expérimental numéro 3 de la Figure 50.

La Figure 65 montre une bonne adéquation de cette forme par rapport aux essais.

Par la suite les fronts prédits numériquement seront superposés aux fronts expérimentaux selon la configuration montrée dans la Figure 50.

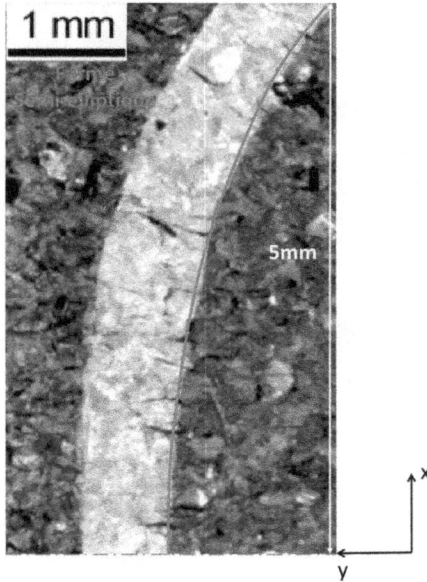

Figure 65 : Forme semi-elliptique obtenue avec l'algorithme de Levenberg-Marquardt superposée sur le front expérimental numéro 3 de la Figure 50.

3.4.2   Evolution des fronts de fissure prédite par le modèle

L'évolution des fronts de fissure dans le plan de fissuration en utilisant une approximation semi-elliptique est montrée en Figure 66.

La longueur finale da_b considérée (3.1mm) et la différence finale des longueurs à cœur et au bord (1.343mm) sont comparables avec celles du cas précédent avec l'interpolation parabolique, avec cependant une courbure finale plus prononcée près de la surface libre de l'éprouvette.

Toutefois les temps de calcul pour atteindre la même longueur ont été supérieurs, à cause de la réduction de vitesse des points à cœur (relâchement beaucoup plus faible que 0.1mm) due essentiellement à la rigidité supérieure de la forme choisie. Le nombre de relâchements dans le cas

123

de l'interpolation semi-elliptique est égal à 52 : 9 relâchements de plus que pour la forme parabolique ont donc été nécessaires afin d'atteindre une longueur comparable.

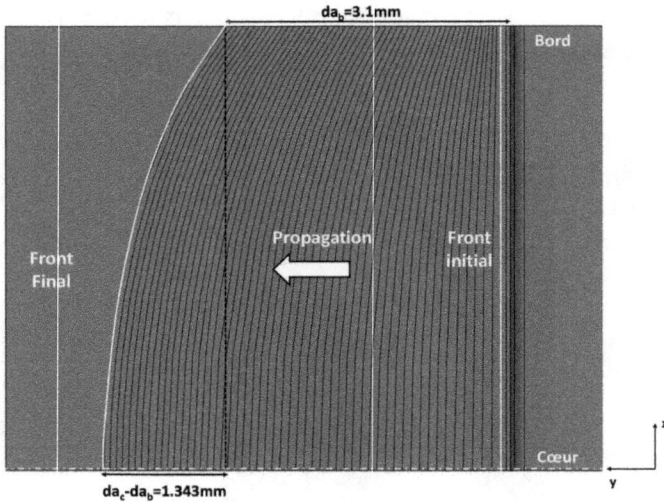

Figure 66 : Evolution de la forme des fronts de fissure avec l'interpolation semi-elliptique des valeurs brutes à l'issue des calculs numériques.

Dans ce cas, l'évolution volumique du facteur d'intensité effectif ΔK_{eff}^{ℓ} le long du front a été réalisée avec le logiciel MATLAB, comme reporté dans la Figure 67.

Il apparait que le facteur d'intensité de contraintes effectif ΔK_{eff}^{ℓ} n'est pas constant le long du front de propagation en fin d'essai: l'analyse et la discussion des valeurs locales seront traitées plus loin.

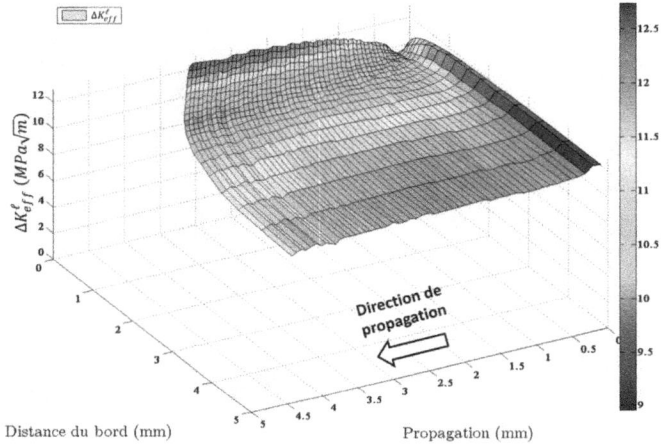

Figure 67 : Evolution volumique du facteur d'intensité de contraintes effectif local ΔK_{eff}^{ℓ} sur la surface de fissuration.

3.4.3 Résultats et comparaison des prédictions numériques de la forme des fronts avec les essais expérimentaux

3.4.3.1 Comparaison des formes finales

La comparaison des formes finales numériques et observées expérimentalement est reportée en Figure 68.

La forme prédite par ce modèle présente une courbure au bord plus prononcée que pour la forme parabolique de la Figure 60 et est globalement en accord avec les courbes expérimentales avec, toutefois, une disparité liée aux écarts d'un front expérimental à l'autre.

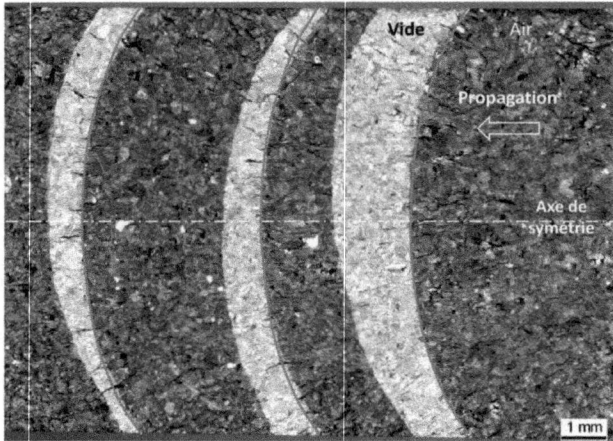

Figure 68 : Formes finales des fronts numériques avec description elliptique de la forme des fronts de fissure : comparaison numérique/expérimental.

3.4.3.2 Evolutions des facteurs d'intensité de contraintes locaux

Comme précédemment, l'observation de l'évolution de l'écart absolu du facteur d'intensité de contraintes effectif le long d'épaisseur $E_{abs}\% \Delta K_{eff}^\ell$, défini par l'Equ.III.5) est donnée (Figure 69a). La différence entre les longueurs à cœur et au bord Δa_{c-b}, au cours de la propagation est montrée dans la Figure 69b).

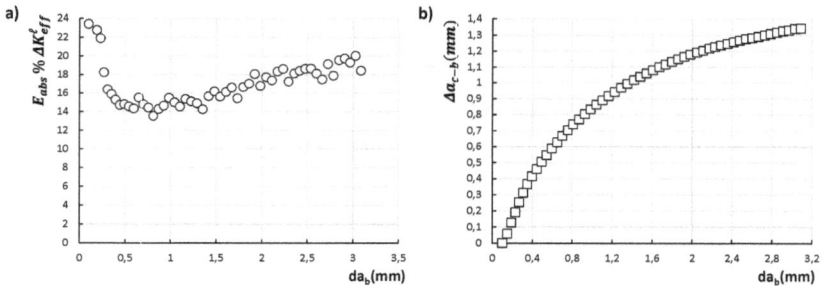

Figure 69 : a) $E_{abs}\% \Delta K_{eff}^\ell$ et b) Δa_{c-b} le long de la propagation pour les formes semi-elliptiques des fronts de fissure.

Contrairement à ce qui a été observé pour les fronts paraboliques l'$E_{abs}\% \Delta K_{eff}^\ell$ ne montre pas de plateau en Figure 69a), mais plutôt une augmentation à partir d'une valeur de da_b d'environ *1.5mm* jusqu'à une valeur de 20% en fin de calcul, après la réduction initiale due au passage de front droit à courbe.

126

Il faut rappeler dans ce cas que toutes les valeurs locales de ΔK_{eff}^{ℓ} ont été considérées, mais que le demi grand axe de l'ellipse a été imposé.

Ceci s'avère réduire considérablement la flexibilité de la forme.

L'allure de Δa_{c-b} en Figure 69b) semble montrer une stabilisation avec une nette réduction de la rapidité de croissance. La forme du front suivant restera très proche de la dernière obtenue.

Remarque :

Pour s'affranchir des problèmes mathématiques liés à la détermination des paramètres de la forme semi-elliptique, nous avons effectué quelques relâchements avec une forme parabolique pour ensuite permettre une détermination des paramètres de la forme semi-elliptique sans aucune restriction. Les résultats associés montrés en Figure 70 sont comparables à ceux obtenus dans le cas des formes paraboliques pures, avec notamment un minimum dans l'allure de l'E_{abs}% ΔK_{eff}^{ℓ} dans la Figure 70a) inferieur au cas des formes paraboliques.

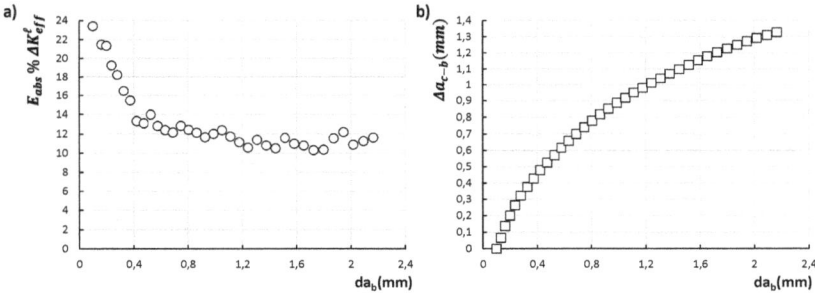

Figure 70 : a) E_{abs}% ΔK_{eff}^{ℓ} et b) Δa_{c-b} le long de la propagation pour les formes semi-elliptiques des fronts de fissure, en démarrant d'un front courbe.

Différentes évolutions des facteurs locaux d'intensité effectifs de contraintes, notamment pour le premier front initial droit, pour le front intermédiaire correspondant au minimum de l'écart de E_{abs}% ΔK_{eff}^{ℓ} (correspondant à la longueur au bord $da_b=0.81mm$) et pour le front final, sont montrées en Figure 71.

L'écart entre les valeurs près de la surface libre et celles à l'intérieur de l'éprouvette est encore plus prononcé que dans le cas des fronts de forme parabolique.

Les valeurs de ΔK_{eff}^{ℓ} entre la zone tout près du bord et à une distance de $1mm$ présentent un maximum d'écart, alors que l'allure semble se stabiliser au fur et à mesure que l'on s'approche du cœur de l'éprouvette.

127

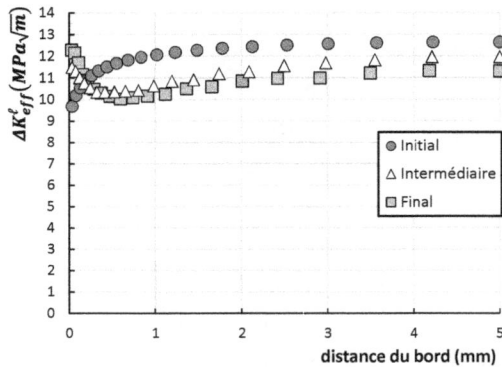

Figure 71 : Evolution de ΔK_{eff}^{ℓ} le long de la demi-épaisseur pour le front initial droit, le front intermédiaire correspondant à la valeur minimale de l'$E_{abs}\%$ ΔK_{eff}^{ℓ} et pour le front final de forme semi-elliptique.

Enfin, l'analyse particulière des allures des facteurs d'intensité de contraintes locaux au cours de la propagation a été menée pour le nœud voisin du bord et pour celui à cœur de l'éprouvette (Figures 72 a) et b) respectivement) en fonction des longueurs relatives au bord da_b et à cœur da_c.

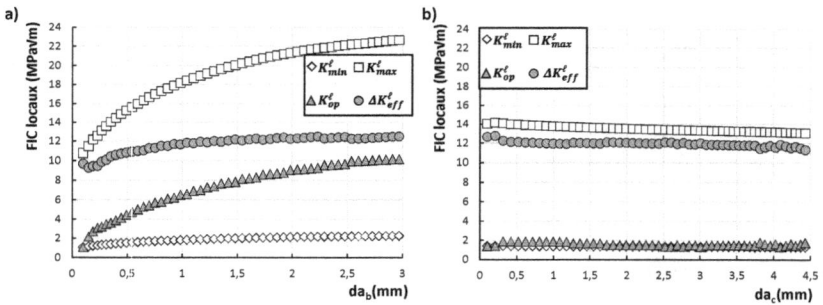

Figure 72 : Allures des facteurs d'intensité de contraintes locaux pour a) le nœud voisin du bord et b) le nœud à cœur de l'éprouvette pour les formes semi-elliptiques.

Les valeurs des facteurs d'intensité de contraintes maximaux K_{max}^{ℓ} à cœur et au nœud voisin du bord sont assez comparables à celles observées dans le cas des fronts paraboliques.

Toutefois une quasi-stabilisation de la fermeture, par obtention d'un plateau pour K_{op}^{ℓ} est observable à partir d'une longueur au bord d'environ 2.5mm.

Comme pour les fronts de forme parabolique, la forme finale montre un très bon accord avec les fronts observés expérimentalement, mais la valeur du facteur d'intensité effectif de contrainte local n'est pas constante le long du front de fissure. Par conséquent, les résultats montrés entraineraient une variation de la forme ultérieure du front de fissure.

128

3.5 Approche par observation de la forme réelle : *Polynôme d'ordre 4*

3.5.1 Description mathématique de la forme

La présente approche proposée ici est relative à l'observation de la forme réelle de la fissure. En particulier, comme il avait été observé dans le chapitre II, la moyenne de six demi-fronts expérimentaux peut être particulièrement bien décrite par une fonction polynomiale d'ordre 4. Aucune restriction sur la forme n'a été imposée, sauf la nécessité de symétrie par rapport à l'axe médian de l'éprouvette.

Lin et Smith [17], ainsi que Branco et al. [74- 76] avaient, eux, proposé de lisser les valeurs brutes calculées avec une fonction cubique.

L'expression suivante a été retenue :

$$y = ax^4 + bx^3 + cx^2 + dx + e \qquad \text{(Equ.III. 9)}$$

Au vu de la symétrie du problème, la dérivée nulle de y, pour x = 0, dans l'Equ.III.9, pour le repère de Figure 73, entraine :

$$d = 0 \qquad \text{(Equ.III. 10)}$$

Les autres paramètres sont déterminés avec l'algorithme de Levenberg-Marquardt.

3.5.2 Evolution des fronts de fissure prédite par le modèle

L'évolution des fronts de fissure dans le plan de fissuration en utilisant une approximation polynomiale d'ordre 4 de la forme est finalement montrée en Figure 73.

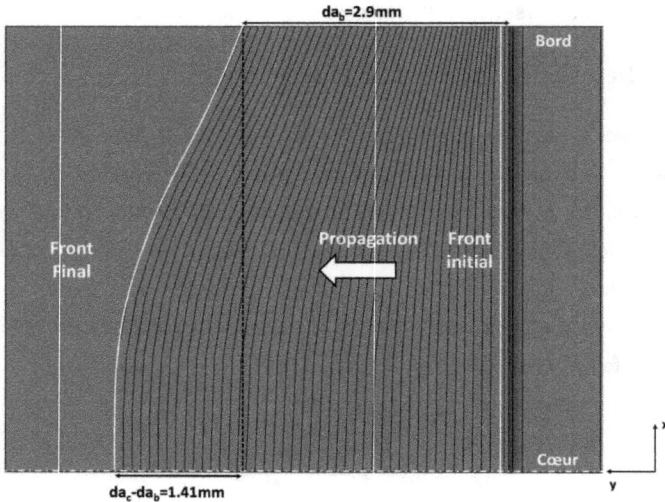

Figure 73 : Evolution de la forme des fronts de fissure avec l'interpolation polynomiale d'ordre 4 des valeurs brutes à l'issue des calculs numériques.

La longueur finale da_b considérée (2.9mm) est quasiment égale aux longueurs précédentes, tandis que la différence entre longueur à cœur et au bord atteint une valeur légèrement supérieure (1.41mm).

Le front final montre un point d'inflexion près de la surface libre avec une courbure moins importante par rapport aux cas précédents. Ceci est dû évidement au choix d'une forme polynomiale qui offre plus de latitude pour les formes.

Afin de saisir cet aspect, l'évolution volumique du facteur d'intensité effectif ΔK_{eff}^{ℓ} sur les fronts au cours de la propagation a été également tracée dans ce cas et reportée dans la Figure 74a).

Enfin, au vu de la Figure 74b), il faut noter que l'évolution du facteur d'intensité de contraintes effectif ΔK_{eff}^{ℓ} est presque constante le long du front de propagation final, contrairement à ce qui a été souligné dans le cas de l'approximation semi-elliptique de la forme des fronts.

130

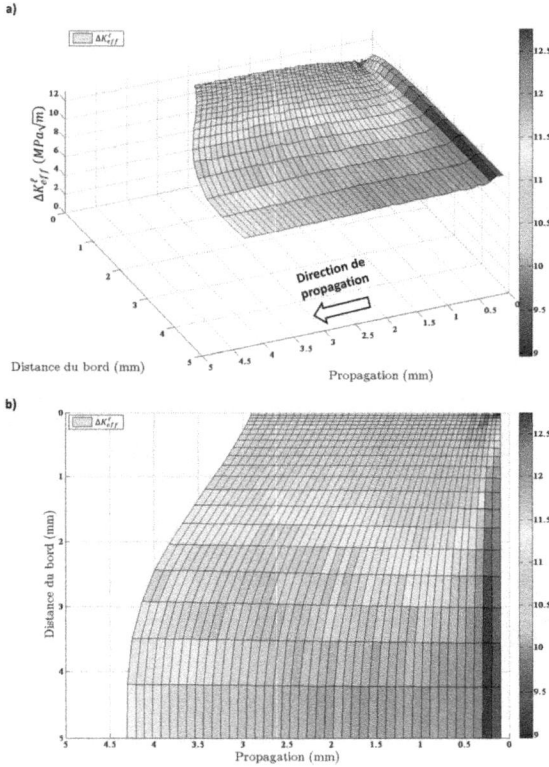

Figure 74 : a) Evolution volumique du facteur d'intensité de contraintes effectif local ΔK_{eff}^{ℓ} et b) Evolution des formes polynomiales des fronts de fissure dans le plan de propagation, avec valeurs associées du FIC ΔK_{eff}^{ℓ}.

3.5.3 Résultats et comparaison des prédictions numériques de la forme des fronts avec les essais expérimentaux

3.5.3.1 Comparaison des formes finales

La comparaison des formes finales prédites par les modèles numérique et des fronts observés expérimentalement est montrée en Figure 75.

La forme déterminée numériquement présente ici un point d'inflexion dans la demi-épaisseur. Ceci ne semble pas être gênant dans cette configuration, mais pourrait éventuellement créer de fortes instabilités dans d'autres situations.

131

Cependant, comme déjà observé précédemment, la différence entre les fronts expérimentaux est telle que certains de ces fronts montrent un bon accord avec le front final numérique, notamment les deux fronts en bas au milieu et à gauche, alors que celui en haut à droite se détache assez nettement.

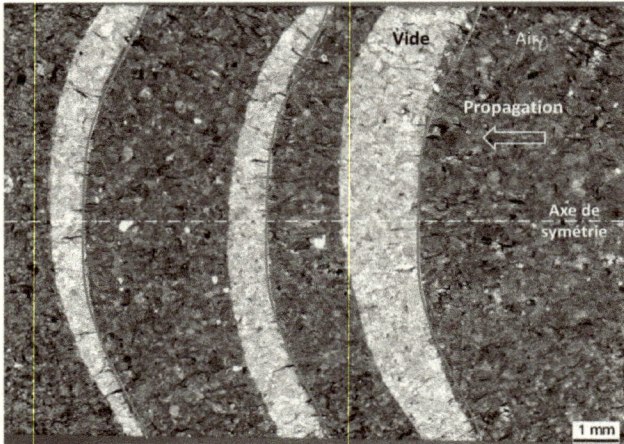

Figure 75 : Formes finales des fronts numériques avec description polynomiale d'ordre 4 de la forme des fronts de fissure : comparaison numérique/expérimental.

3.5.3.2 Evolutions des facteurs d'intensité de contraintes locaux

De la même manière, l'analyse critique des résultats locaux des facteurs d'intensité des contraintes est enfin abordée ici, compte tenu des formes prédites avec l'interpolation polynomiale choisie.

Les allures $E_{abs}\%\ \Delta K_{eff}^{\ell}$ le long d'épaisseur, définies par l'Equ.III.5, ainsi que de la différence entre les longueurs à cœur et au bord Δa_{c-b} au cours de la propagation sont reportées dans les Figures 76a) et b) respectivement.

L'évolution de $E_{abs}\%\ \Delta K_{eff}^{\ell}$ en Figure 76a) montre une décroissance de plus en plus lente avec une valeur finale de 5.8%, tandis que l'écart minimal est de 2.7% autour de la valeur moyenne $\Delta K_{eff}^{\ell} = 11.2 MPa\sqrt{m}$.

Les valeurs locales de ΔK_{eff}^{ℓ} ont été bien prises en compte par la nature de l'interpolation. Toutefois, l'allure de Δa_{c-b} (et par conséquent le front) ne se stabilise pas complétement, comme le montre la Figure 76b).

132

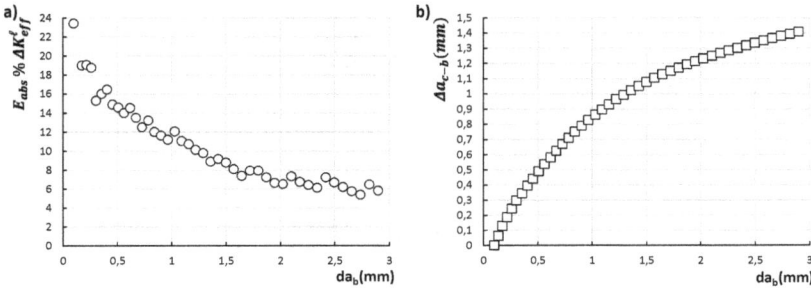

Figure 76 a) $E_{abs}\% \Delta K_{eff}^{\ell}$ et b) Δa_{c-b} le long de la propagation pour les formes polynomiales d'ordre 4 des fronts de fissure.

Les évolutions des facteurs locaux d'intensité effectifs de contraintes initiaux (front droit) et finaux (front courbe polynomiale d'ordre 4) ont été comparées dans la Figure 77.

La valeur moyenne quasi-constante le long du front final s'avère être égale à environ $11.17 MPa\sqrt{m}$: cette valeur est beaucoup plus faible que la valeur détectée à cœur par le front initial droit (environ égal à $14 MPa\sqrt{m}$), mais aussi légèrement inférieure à la charge imposée $\Delta K = 12 MPa\sqrt{m}$.

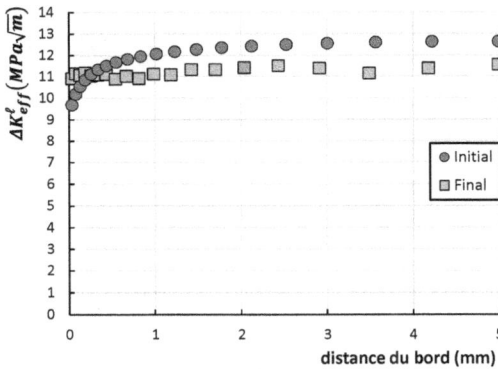

Figure 77 : Evolution de ΔK_{eff}^{ℓ} le long de la demi-épaisseur pour le front initial droit et pour le front final décrit par la fonction polynomiale d'ordre 4.

En conclusion, l'observation des allures des facteurs d'intensité de contraintes locaux au cours de la propagation a été effectuée pour le nœud voisin du bord (longueur au bord da_b) et pour celui à cœur de l'éprouvette (longueur à cœur da_c), comme le montre la Figure 78.

133

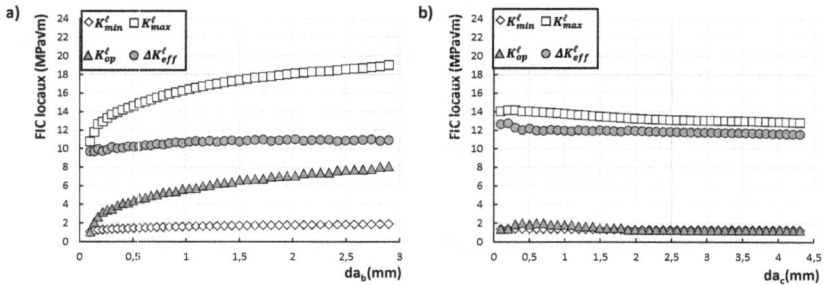

Figure 78 : Allures des facteurs d'intensité de contraintes locaux pour a) le nœud voisin du bord et b) le nœud à cœur de l'éprouvette, pour les formes polynomiales des fronts de fissure.

Les facteurs d'intensité de contraintes maximaux K_{max}^ℓ à cœur et au nœud voisin du bord montrent encore de faibles variations.

De plus, la courbe de K_{op}^ℓ souligne une fermeture au bord encore croissante avec l'avancée de la fissure (Figure 78a), tandis que celle-ci disparait à cœur à partir d'environ $da_c=1.5mm$ (Figure 78b). Cependant, il a été montré que $E_{abs}\% \Delta K_{eff}^\ell$ associé au front final est considérablement inférieur à celui prédit par les formes paraboliques et semi-elliptiques : une stabilisation très rapide de la forme est quasiment atteinte.

3.6   Analyse critique des résultats des différentes interpolations

Un modèle numérique de prédiction de l'évolution la forme successive des fronts de fissure basé sur l'hypothèse d'un facteur d'intensité de contraintes effectif considéré comme *force motrice* de la propagation a été proposé.

Celui-ci prévoit un remaillage de la pièce, notamment de la zone concernée par la propagation, à chaque avancée du front de fissure.

La relation initialement proposée par Lin et Smith [17- 19] a été modifiée avec la prise en compte de la fermeture induite par plasticité, selon l'Equ.III.3.

Différentes descriptions mathématiques ont été proposées avec des formes de fronts paraboliques, semi-elliptiques et polynomiales d'ordre 4, dans le but de décrire la forme du front de fissure. La forme finale déterminée, ainsi que les distributions des facteurs d'intensité de contraintes locaux ont été étudiées.

Dans le cas des formes paraboliques et semi-elliptiques, la forme finale montre globalement un bon accord avec les observations expérimentales : ces dernières semblent mieux décrire la courbure près de la surface libre. Cependant la distribution des facteurs d'intensité de contraintes effectifs le long du front de propagation montrent des écarts assez importants.

134

Enfin, une description polynomiale d'ordre 4 a été utilisée.

La forme prédite par ce modèle a montré une inflexion de la courbe le long de la demi-épaisseur, due à la souplesse supérieure de la forme vis-à-vis des précédentes. La comparaison avec les fronts expérimentaux montre un accord globalement satisfaisant.

Au final, il apparait que la distribution du facteur d'intensité de contraintes effectif local associé à la forme finale est sensiblement constante le long de l'épaisseur, avec un écart absolu final des valeurs de ΔK_{eff}^{ℓ} E_{abs} % ΔK_{eff}^{ℓ} d'environ 3% autour de la valeur moyenne de $11.2 MPa\sqrt{m}$.

Le Tableau 5 résume les écarts absolus des facteurs d'intensité de contraintes effectif locaux E_{abs} % ΔK_{eff}^{ℓ}, ainsi que les écarts entre les longueurs à cœur et au bord Δa_{c-b} relatifs aux différentes formes mathématiques proposées, associés au dernier front prédit.

Ecarts/Formes des fronts da$_b$=3mmc	Parabolique	Semi-elliptique	Polynomiale ordre4
E_{abs} % ΔK_{eff}^{ℓ}	13.5	18.4	5.8
Δa_{c-b} (mm)	1.385	1.343	1.41

Tableau 5 : Ecarts absolus de ΔK_{eff}^{ℓ} E_{abs} % ΔK_{eff}^{ℓ} et écart des longueurs au bord et à cœur Δa_{c-b} relatifs aux fronts finaux de forme parabolique, semi-elliptique et polynomiale, associé au dernier front prédit numériquement.

Une interpolation polynomiale des valeurs brutes semblent confirmer l'hypothèse d'un iso-ΔK_{eff}^{ℓ} atteint au cours de la propagation

Pour conclure cette comparaison, nous avons tracé sur le même graphique les formes finales des demi-fronts obtenues avec les trois différentes interpolations mathématiques présentées précédemment. Les fronts finaux obtenus avec les interpolations elliptique et parabolique ont été décalé afin de se superposer à la forme finale parabolique en correspondance du cœur de l'éprouvette, les longueurs finales au bord étant comparables comme montré dans les paragraphes précédents. Le résultat est finalement montré dans la Figure 79.

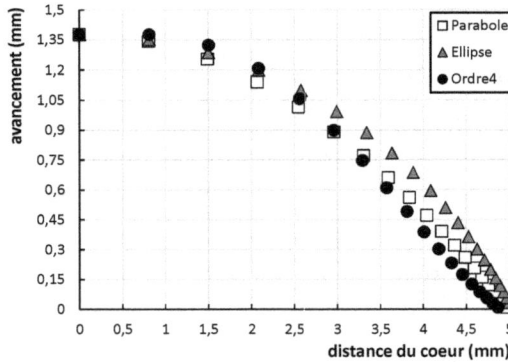

Figure 79 : Comparaison des formes finales des fronts de fissure obtenus avec les trois interpolations mathématiques utilisées.

On peut bien noter que la courbure près de la surface libre augmente considérablement en passant d'une interpolation polynomiale d'ordre 4 à une interpolation elliptique, avec une valeur intermédiaire pour le front parabolique.

Cette courbure a été estimée en termes de l'angle formé entre chaque front et la normale à la surface libre de l'éprouvette. Une valeur de 16.5° a été estimée pour le front obtenu avec interpolation polynomiale d'ordre 4, 28.9° concernant le front parabolique, tandis 39.5° est la valeur retrouvée pour le front elliptique.

En conclusion, alors, ceci semble démontrer que la forme elliptique assure une courbure du front de fissure bien supérieure au bord, telle comme il a été observé expérimentalement.

4. Conclusions

Deux approches numériques différentes de prédiction de la forme de fissure avec prise en compte de la fermeture induite par plasticité ont été proposées, avec l'hypothèse forte que le facteur d'intensité de contraintes effectif ΔK_{eff}^{ℓ} est la *force motrice* de la propagation.

La première proposition concernait une approche simple sans remaillage de la pièce.

Le front de fissure est approximé par un ensemble discret de nœuds et les informations nodales (charge, conditions aux limites, etc.) des modèles élastique et élasto-plastique sont mises à jour sans relâchement simultané du front. Afin de corriger les fortes instabilités de la forme et de la distribution de ΔK_{eff}^{ℓ} le long du front, différents filtrages des valeurs brutes ont été utilisés, sans obtenir une stabilisation de la forme.

136

La seconde proposition était relative à la prédiction de la forme des fronts avec remaillage de la pièce, selon la nouvelle géométrie de front traitée, tout en recherchant le meilleur compromis entre le temps de calcul et la réalité expérimentale.

Les nœuds appartenant au front considéré sont relâchés simultanément et l'avancée est déterminée en chaque nœud d'une distance proportionnelle la valeur maximale de ΔK_{eff}^{ℓ} calculée le long du front. L'avancée maximale vaut $0.1mm$, cette valeur étant imposée à cœur.

A l'issue des calculs numériques, différentes interpolations des valeurs brutes ont été testées. Des descriptions mathématiques de type parabolique, semi-elliptique et polynomiale d'ordre 4 ont été comparées au travers de la définition des paramètres Δa_{c-b} (écart bord/cœur) et $E_{abs}\% \Delta K_{eff}^{\ell}$ (écart absolu des ΔK_{eff}^{ℓ} le long du front).

Les comparaisons des formes finales numériques ont montré un bon accord avec certains fronts observés expérimentalement, tandis que d'autres fronts se détachent plus nettement, due à la différence non négligeable entre les formes observées.

Il a été montré que le polynôme d'ordre 4, malgré une inflexion de la forme le long de la demi-épaisseur, due à la flexibilité supérieure de la forme par rapport aux autres, présente une distribution finale de ΔK_{eff}^{ℓ} constante le long du front, ce qui n'est pas le cas pour les formes paraboliques et semi elliptiques qui montrent de fortes oscillations.

Ces derniers résultats semblent confirmer l'hypothèse que le facteur d'intensité de contraintes effectif local ΔK_{eff}^{ℓ} est la *force motrice* de toute la propagation.

Toutefois, la comparaison des formes finales des fronts de fissure, obtenues avec les trois différentes interpolations mathématiques présentées, a montré une courbure sensiblement supérieure dans le cas de front final elliptique par rapport au front final polynomial d'ordre 4 ce qui est plus en accord avec la forme observée expérimentalement.

Dans le chapitre suivant la solidité de ces choix sera testée dans différentes conditions de chargement.

Chapitre IV :

Résultats expérimentaux et dialogue expérimental-numérique

IV. Résultats expérimentaux et dialogue expérimental-numérique

1. Introduction

Il a été montré que la forme finale des fronts numériques, ainsi que la distribution du facteur d'intensité de contraintes effectif local ΔK_{eff}^{ℓ} le long de la demie épaisseur dépendent fortement de l'interpolation mathématique des valeurs brutes retenues.

De plus il apparaît qu'une interpolation polynomiale d'ordre 4 semble confirmer l'hypothèse de départ, à savoir que ΔK_{eff}^{ℓ} est la *force motrice* de la propagation de fissures, ΔK_{eff}^{ℓ} étant constant le long du front.

La forme finale a montré une inflexion du front près de la surface, à cause de la fonction mathématique retenue pour l'interpolation, avec un bon accord général avec les fronts observés expérimentalement.

Afin de vérifier la robustesse de ce choix, deux essais expérimentaux avec marquage des fronts de fissure ont été menés avec différentes conditions de chargement imposé.

Le premier test a été effectué en imposant $\Delta K = 18MPa\sqrt{m}$ constant avec un rapport de charge $R=0.1$.

Le deuxième a été effectué avec $\Delta K = 12MPa\sqrt{m}$ constant au cours de la propagation et pour un rapport de charge $R=0.7$.

Les fronts expérimentaux observés ont été ensuite comparés avec les résultats numériques obtenus dans les mêmes conditions.

Enfin une analyse critique des résultats est effectuée et des propositions d'amélioration du modèle développé sont abordées.

2. Démarche expérimentale

2.1 Introduction

Pour les essais conventionnels de fissuration, des éprouvettes de type CT-50 ont été employées. Les dimensions données en <u>Figure 28,</u> pour la réalisation du modèle numérique, ont été mesurées pour les deux éprouvettes utilisées.

Le <u>Tableau 6</u> rappelle les paramètres d'entrée pour chacun des deux essais réalisés, nécessaires pour l'application de la charge dans les conditions de rapport de charge R et de variation du facteur d'intensité de contraintes ΔK imposés au cours de l'avancée.

Paramètres d'entrée des essais réalisés	Chargement ΔK ($MPa\sqrt{m}$)	Rapport de charge R	Longueur initiale a_0 (mm)	Epaisseur B (mm)	Largeur W (mm)
Essai 1	18	0.1	10.2	9.87	50
Essai 2	12	0.7	10.23	9.92	50.08

Tableau 6 : Paramètres d'entrée des essais expérimentaux réalisés sous environnement air/vide pour le marquage des fronts de propagation.

Ces essais ont été réalisés sur une machine hydraulique INSTRON d'une capacité de 20 kN en chargement cyclique, comme montré dans la Figure 80.

Figure 80 : Machine d'essais de fissuration INSTRON avec enceinte d'environnement.

La technique de la *variation de complaisance* par le biais d'un capteur COD pour le suivi de la longueur de la fissure a été utilisée, afin de permettre le pilotage automatique de l'essai par ordinateur avec le logiciel *ACG (Advanced Crack Growth)*.

Cette technique a été validée par comparaison de ces valeurs avec des observations optiques effectuées au cours de l'essai.

En début d'essai, l'application d'une amplitude de charge ΔK constante permet d'éviter l'effet de gradient de sillage plastique sur la fissure : dans ce but, l'amplitude du chargement appliqué ΔP est réduite au cours de l'avancée de la fissure, au travers d'une technique automatisée, basée à la fois sur les données d'entrée et sur la mesure de la longueur de fissure, et contrôlée par l'ordinateur. Les essais ont été réalisés à la fréquence de 30 Hz.

Enfin des marquages obtenus par passage sous vide ont été réalisés grâce à une enceinte fermée, comme le montre la Figure 81.

141

Figure 81 : Enceinte fermée de la machine hydraulique INSTRON pour la création d'un milieu vide.

Aussi, il est possible d'atteindre des pressions de 5.10^{-6} mbar, grâce à une pompe turbo, illustré dans la Figure 82.

Figure 82 : Pompe turbo utilisée pour la réalisation des marquages des fronts de fissure sous vide.

2.2 Essai à $\Delta K=18MPa\sqrt{m}$ et R=0.1

Pour cet essai à $\Delta K = 18MPa\sqrt{m}$ et rapport de charge *R=0.1,* cinq marquages sous vide ont été réalisés.

Le sillage plastique a d'abord été créé, et le premier passage sous vide a été effectué pour une valeur du rapport $a/_W = 0.308$.

Pour obtenir les conditions le plus symétriques possibles en terme de longueurs de fissure sur les deux faces de l'éprouvette la longueur de fissure est régulièrement mesurée sur celles-ci.

142

Un renversement de l'éprouvette étant impossible sous vide, la propagation sous vide est limitée à 0.3mm afin de diminuer au mieux la perte de symétrie.

Les différents fronts obtenus sont montrés en <u>Figure 83</u>.

Les quatre transitions air/vide suivantes ont été effectuées pour les rapports $a/_W = 0.403, 0.52, 0.598$ *et* 0.674.

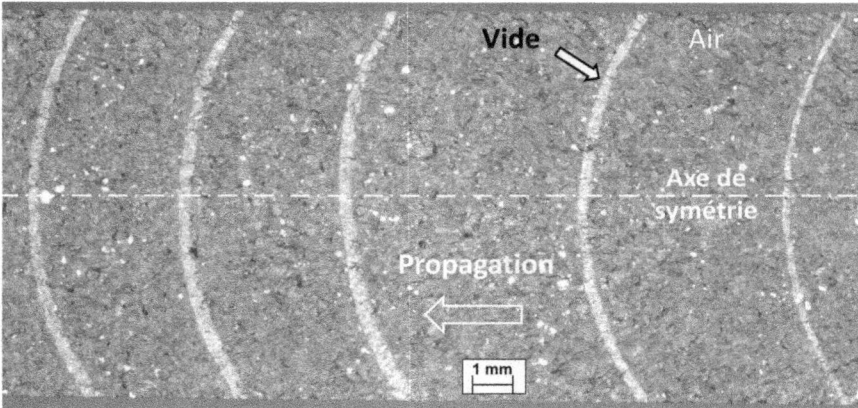

Figure 83 : Fronts de fissure observés lors d'un essai de fissuration sous transition air/vide pour $\Delta K = 18MPa\sqrt{m}$ et *R=0.1*.

On observe sur cette figure une bonne symétrie, ainsi qu'une reproductibilité remarquable de la forme du front pour différentes longueurs de fissure.

Un état de fissure longue a bien été atteint et un sillage plastique uniforme a bien été créé. On obtient un écart moyen entre les longueurs au bord et à cœur égal à $1.4 \pm 0.15mm$ pour tous les fronts obtenus. Cette valeur est assez proche de la moyenne des écarts des fronts de fissure, calculée lors de l'essai mené par Arzaghi et al. [118] avec les conditions de chargement $\Delta K = 15MPa\sqrt{m}$ et *R=0.1*.

2.3   Essai à *ΔK=12MPa√m* et *R=0.7*

En ce qui concerne le deuxième essai mené, trois marquages sous vide ont été réalisés.

Les conditions particulières de chargement de cet essai ont été imposées afin de bien saisir les effets mécaniques, notamment les conditions de contraintes et de déformations planes respectivement près de la surface libre et du cœur de l'éprouvette, qui induisent une courbure de la forme du front près du bord, même en absence de fermeture induite par plasticité (à savoir K_{op}^{ℓ} toujours égal à K_{min}^{ℓ}).

143

Ces conditions se révèlent également très importantes pour tester la solidité du modèle numérique développé. L'absence de fermeture sous ces conditions de chargement a été aussi remarquée dans les travaux de Gonzalez-Herrera et Zapatero [72], ainsi que par Branco et al. [74].

Un suivi des longueurs des deux faces de l'éprouvette a été réalisé de la même manière que pour l'essai précèdent. La propagation maximale pendant le passage sous vide est ici de *0.6mm*.

Ensuite une propagation d'environ *4.3mm* a été menée pour s'affranchir des effets d'histoires de chargement précédentes et afin de construire le sillage plastique avec les conditions de charge souhaitées, avant le premier passage sous vide, réalisé à $a/_W = 0.485$.

Les deuxième et troisième marquages ont été finalement effectués respectivement à $a/_W = 0.55$ *et* 0.603. Les fronts obtenus sont montrés en Figure 84.

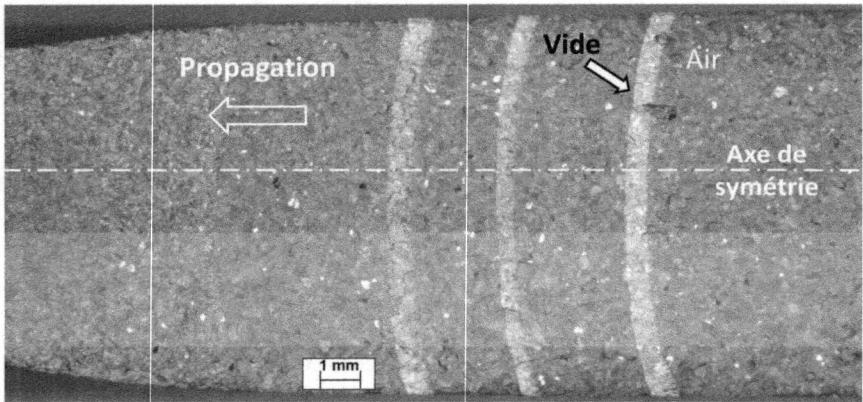

Figure 84 : Fronts de fissure observée lors d'un essai de fissuration sous transition air/vide pour $\Delta K = 12 MPa\sqrt{m}$ et *R=0.7*.

Comme précédemment, les fronts obtenus sont très symétriques et reproductibles pour les différentes longueurs de fissure. L'écart entre les longueurs à cœur et au bord de l'éprouvette est ici égal à $0.68 \pm 0.066mm$.

Par ailleurs, dans la Figure 84 une réduction de section par *striction* est également observable, ce qui modifie évidement les conditions et les modes de chargement de l'éprouvette, mais ne sera pas pris en compte par le modèle numérique.

Une comparaison des fronts obtenus dans ces deux essais montre que l'écart bord/cœur est environ deux fois plus faible pour $\Delta K = 12 MPa\sqrt{m}$ et *R=0.7* que pour $\Delta K = 18 MPa\sqrt{m}$ et *R=0.1*.

Ceci s'explique principalement par une absence de fermeture à *R=0.7*, entrainant un moindre ralentissement de la fissuration au bord.

3. Dialogue expérimental - numérique

3.1 Introduction

Ce paragraphe est dédié à la comparaison des formes observées expérimentalement avec celles prédites numériquement dans les conditions de chargement présentées précédemment.

Ensuite, comme déjà mené dans le chapitre III, les évolutions des facteurs d'intensité de contraintes locaux seront analysées et une analyse critique des résultats obtenus sera abordée.

Le modèle de prédiction de l'évolution de la forme de la fissure avec la méthode de remaillage présentée dans le chapitre précédent, avec une fonction polynomiale d'ordre 4 pour l'interpolation des valeurs brutes, a été retenu pour l'approximation de la forme du front.

3.2 $\Delta K = 18 MPa\sqrt{m}$ et $R=0.1$

Le premier cas testé concernait l'application d'une variation du facteur d'intensité de contraintes $\Delta K = 18 MPa\sqrt{m}$ constante tout au cours de la propagation, avec un rapport de charge $R=0.1$.

Ces conditions devraient par conséquent entrainer une fermeture plutôt prononcée, associée à une courbure marquée, comme il est montré dans la Figure 83.

3.2.1 Evolution des fronts de fissure prédite par le modèle

L'évolution des fronts de fissure dans le plan de fissuration en utilisant une approximation polynomiale d'ordre 4 est montrée dans la Figure 85.

La longueur finale da_b considérée (3.4mm) est légèrement supérieure à celles des cas analysés dans le chapitre II (*3mm* dans les trois interpolations montrées) et ce pour un même temps de calcul.

La vitesse supérieure au bord de l'éprouvette s'explique par un niveau de fermeture détecté inférieur dans le cas présent.

Il apparait que la courbure près de la surface libre est plus faible que dans le cas à $\Delta K = 12 MPa\sqrt{m}$ et l'écart final entre les longueurs à cœur et au bord est égal à *1.064mm*, soit environ *0.34mm* de moins que pour le cas à $\Delta K = 12 MPa\sqrt{m}$ avec le même type d'interpolation polynomiale d'ordre 4.

145

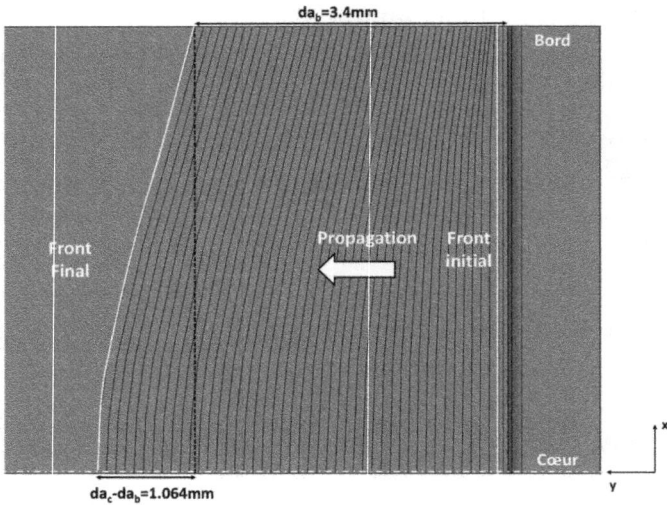

Figure 85 : Evolution de la forme des fronts de fissure avec une interpolation polynomiale du quatrième ordre des valeurs brutes à l'issue des calculs numériques ; $\Delta K = 18MPa\sqrt{m}$ et $R=0.1$.

L'évolution volumique du facteur d'intensité effectif ΔK_{eff}^{ℓ} le long des fronts au cours de la propagation a été tracée dans la Figure 86a), alors que la Figure 86b) souligne l'évolution de la forme des fronts de fissure au cours de la propagation dans le plan de propagation, avec les valeurs correspondantes de ΔK_{eff}^{ℓ}.

L'allure de ΔK_{eff}^{ℓ} le long du dernier front est quasiment constante, comme dans le cas à $\Delta K = 12MPa\sqrt{m}$ ((Figure 74).

146

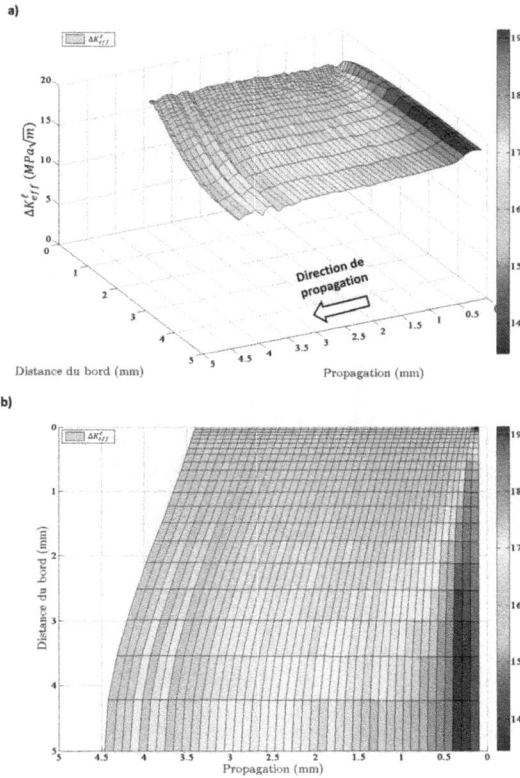

Figure 86 : a) Evolution volumique du facteur d'intensité de contraintes effectif local ΔK_{eff}^{ℓ} et b) Evolution des formes polynomiales des fronts de fissure dans le plan de propagation, avec valeurs du FIC ΔK_{eff}^{ℓ} le long du plan de propagation et de la distance du bord ; $\Delta K = 18 MPa\sqrt{m}$ et $R=0.1$.

3.2.2 Résultats et comparaison des prédictions numériques de la forme des fronts avec les essais expérimentaux

3.2.2.1 Comparaison des formes finales

La comparaison entre les cinq fronts de fissure obtenus expérimentalement et le front final prédit par le modèle numérique est donnée en Figure 87.

Un écart important est observé, surtout sur les bords de l'éprouvette.

Comme déjà observé dans le cas du chargement à $\Delta K = 12 MPa\sqrt{m}$, une inflexion de la forme est obtenue près du bord : la courbure prédite numériquement au bord est plus faible que celle observée expérimentalement.

147

Ceci être dû à une sous-estimation de la fermeture induite par plasticité détectée par le modèle numérique, mais aussi par une prise en compte incorrecte des effets de bord.

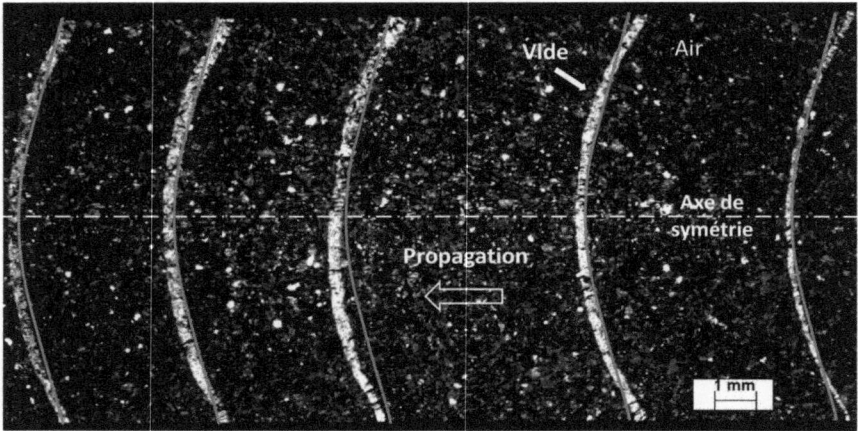

Figure 87 : Comparaison des formes finales des fronts numériques avec description polynomiale d'ordre 4 et des fronts expérimentaux observés ; $\Delta K = 18 MPa\sqrt{m}$ et $R=0.1$.

3.2.2.2 Evolutions des facteurs d'intensité de contraintes locaux

Ce sous-paragraphe traite l'évolution des facteurs d'intensité de contraintes locaux au cours de la propagation.

Pour quantifier ces allures, l'écart entre les longueurs à cœur et au bord Δa_{c-b}, ainsi que l'écart absolu en pourcentage de ΔK_{eff}^{ℓ} le long de la demi-épaisseur $E_{abs}\% \Delta K_{eff}^{\ell}$, définis dans le chapitre III sont montré dans les Figures 88a) et b).

L'évolution de $E_{abs}\% \Delta K_{eff}^{\ell}$ dans la Figure 88a) montre un écart minimal de 3.2%. Cette valeur est inférieure à celle trouvée dans le cas du chargement à $\Delta K = 12 MPa\sqrt{m}$ (5.4%).

De plus, Δa_{c-b} (Figure 88b) augmente de plus en plus lentement sans que la courbe n'atteigne réellement une valeur stabilisée, ce de manière analogue au cas correspondant à $\Delta K = 12 MPa\sqrt{m}$.

a) b)

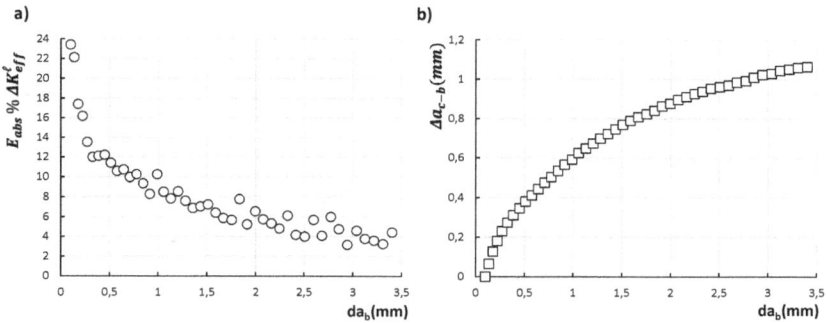

Figure 88 : a) $E_{abs}\%\,\Delta K_{eff}^{\ell}$ et b) Δa_{c-b} au cours de la propagation pour les formes polynomiales des fronts de fissure ; $\Delta K = 18MPa\sqrt{m}$ et $R=0.1$.

Les évolutions des facteurs d'intensité effectifs de contraintes locaux initiaux (front droit) et finaux (courbe polynomiale d'ordre 4) ont été comparées et sont présentées en Figure 89.

La valeur moyenne le long du front final s'avère être égale à $16.35MPa\sqrt{m}$.

Comme dans le cas du chargement à $\Delta K = 12MPa\sqrt{m}$, on remarque ici que cette valeur est plus faible que celle à cœur détectée par le front initial droit (environ $19MPa\sqrt{m}$), et qu'elle est aussi légèrement inférieure à la charge imposée $\Delta K = 18MPa\sqrt{m}$.

L'allure de ΔK_{eff}^{ℓ} le long du front final est remarquablement constante.

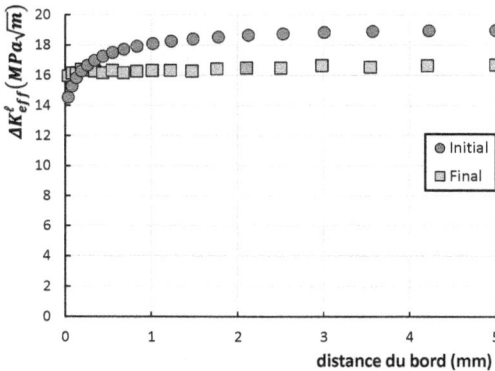

Figure 89 : Evolution de ΔK_{eff}^{ℓ} le long de la demi-épaisseur pour le front initial droit de départ et pour le front final décrit par la fonction polynomiale d'ordre 4 ; $\Delta K = 18MPa\sqrt{m}$ et $R=0.1$.

L'observation des allures des facteurs d'intensité de contraintes locaux au cours de la propagation pour le nœud voisin du bord (longueur au bord da_b) et pour celui à cœur de l'éprouvette (longueur à cœur da_c) est enfin montrée en Figure 90.

149

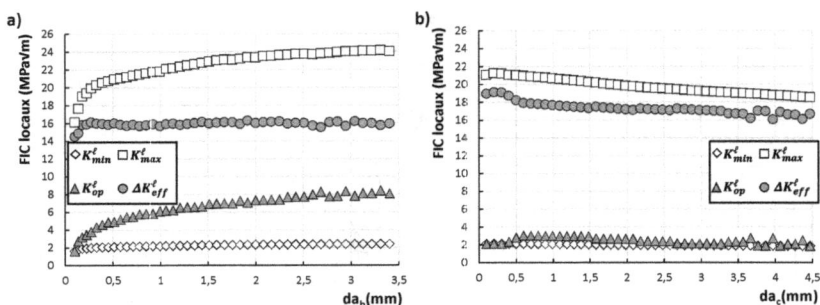

Figure 90 : Allures des facteurs d'intensité de contraintes locaux pour a) le nœud voisin du bord et b) le nœud à cœur de l'éprouvette, pour les formes polynomiales des fronts de fissure ; $\Delta K = 18 MPa\sqrt{m}$ et $R=0.1$.

Les facteurs d'intensité de contraintes maximaux K_{max}^{ℓ} à cœur et au nœud voisin du bord montrent de faibles variations, ce qui entrainera de faibles variations ultérieures de la forme.

L'allure de K_{op}^{ℓ} met en évidence une fermeture au bord croissante avec l'avancée de la fissure (Figure 90a)), mais les oscillations observées à partir de $da_b=2.69mm$ semblent indiquer d'une stabilisation imminente. En ce qui concerne la Figure 90b) ces mêmes oscillations sont observées à partir de la longueur à cœur $da_c=3.67mm$.

En conclusion le front final peut être considéré comme quasiment stabilisé avec une allure de ΔK_{eff}^{ℓ} quasi-constante le long du front, les oscillations résiduelles observées peuvent être partiellement reliées à la nature du calcul aux éléments finis.

Dans le paragraphe suivant une comparaison des formes des fronts finaux, ainsi que des niveaux de fermeture, prédites avec l'approximation polynomiale des fronts, pour les cas de chargements avec différents ΔK et rapport de charge $R=0.1$, sera présentée.

3.2.3   Comparaison des résultats avec différents chargements ΔK

Cette partie est dédiée à la comparaison critique des résultats obtenus avec les différentes conditions de chargement ΔK et avec un rapport de charge $R=0.1$.

Tout d'abord, d'un point de vue expérimental, les fronts obtenus par Arzaghi et al.[118] pour $\Delta K = 15 MPa\sqrt{m}$ et par la présente étude à $\Delta K = 18 MPa\sqrt{m}$ ont été comparés.

Dans le chapitre II, il avait été trouvé que la courbe moyenne des six demi-fronts, observés dans la Figure 50 présentait un écart entre les longueurs à cœur et au bord d'environ $1.38mm$, compte tenu de l'écart assez élevé des valeurs par rapport à la moyenne.

Dans le présent chapitre, il a été également montré dans la Figure 83 que l'écart des longueurs pour $\Delta K = 18 MPa\sqrt{m}$ était égal à environ $1.4mm$ pour quasiment tous les fronts observés.

150

En ce qui concerne les résultats numériques, obtenus pour les chargements à $\Delta K = 12MPa\sqrt{m}$ et

à $\Delta K = 18MPa\sqrt{m}$, l'évolution du taux d'ouverture local $U = \frac{\Delta K_{eff}^{\ell}}{\Delta K^{\ell}}$ au cours de la propagation

pour le nœud voisin du bord est montré dans la Figure 91.

On remarque que, pour un même temps et une même puissance de calcul employés, la longueur au

bord atteinte dans le cas à $\Delta K = 12MPa\sqrt{m}$ (2.9mm) est inférieure à celle trouvé à $\Delta K = 18MPa\sqrt{m}$ (3.4mm). Le niveau de fermeture est en effet réduit pour ce dernier cas comme en

témoignent des valeurs supérieures de taux d'ouverture pour les mêmes longueurs de propagation

da_b.

De plus si on compare les résultats de la Figure 91 avec ceux obtenus par Vor [112] avec la

méthode globale de la variation de complaisance (Figure 23, chapitre I), une différence très

importante peut être notée. En fait, le taux d'ouverture prédit par le modèle développé dans la

présente étude n'est pas le même pour les deux différents cas de chargements et ne semble pas se

stabiliser à la valeur de 0.72.

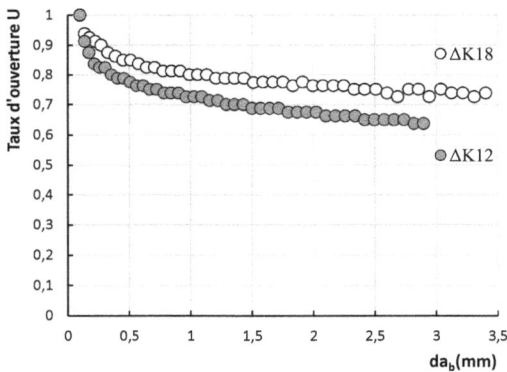

Figure 91 : Evolution du taux d'ouverture U au cours de la propagation pour un nœud voisin du bord, dans le cas des chargements $\Delta K = 12MPa\sqrt{m}$ et $\Delta K = 18MPa\sqrt{m}$.

Pour souligner cet aspect on a décidé d'observer la zone de fermeture produite au cours de la

propagation dans les deux conditions de chargements à la charge minimale pour des longueurs au

bord très similaires, à savoir da_b=2.9mm pour $\Delta K = 12MPa\sqrt{m}$ et da_b=2.86mm dans le cas $\Delta K = 18MPa\sqrt{m}$, comme montré respectivement par les Figures 92 a) et b).

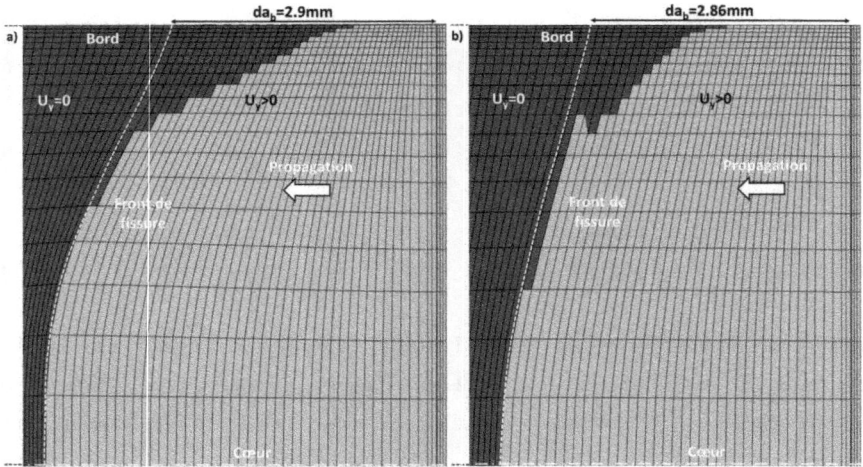

Figure 92 : Observation de la zone fermée dans le cas des chargements a) $\Delta K = 12MPa\sqrt{m}$ et b) $\Delta K = 18MPa\sqrt{m}$ pour $da_b=2.9mm$ et $da_b=2.86mm$ respectivement.

La courbure du front entraine un passage de la zone de contact d'une forme rectangulaire (fronts droits) à triangulaire (fronts courbes), comme montré dans la Figure 49 dans le chapitre II. Dans la Figure 92, on peut noter que la forme de la zone fermée est plutôt triangulaire pour le cas a) et à tendance rectangulaire dans le cas b), à cause de la courbure inferieure.

Toutefois il s'avère que la zone de contact est, finalement, assez comparable, mais avec une longueur au bord de *1.5mm* dans le cas du chargement $\Delta K = 18MPa\sqrt{m}$ et de *2mm* pour $\Delta K = 12MPa\sqrt{m}$.

3.3 $\Delta K=12MPa\sqrt{m}$ et $R=0.7$

Le deuxième cas traité concerne la condition de chargement $\Delta K = 12MPa\sqrt{m}$ avec un rapport de charge élevé, à savoir *R=0.7*. Ces conditions ne devant pas entrainer de la fermeture induite par plasticité, permettent un découplage des effets de bord et de la fermeture induite par plasticité et vérifie si le modèle prédit ou non la fermeture au cours de la propagation et, au même temps, s'il est capable de saisir les effets de bord.

Dans un premier temps, alors, des calculs élasto-plastiques ont été menés afin de vérifier l'absence de fermeture tout au cours de la propagation. Ensuite des calculs uniquement élastiques seront réalisés.

3.3.1   Formes des fronts de fissure prédites par le modèle

La Figure 93 montre l'évolution de la forme des fronts de fissure au cours de la propagation en utilisant une approximation polynomiale d'ordre 4.

Dans ce cas, la simulation numérique a été menée pendant 60 heures avec 128 processeurs en parallèle : la propagation n'a pas été poursuivie, car la condition de stabilisation était déjà quasi complètement atteinte, comme il sera montré dans le prochain paragraphe.

La longueur finale da_b alors atteinte est égale à *1.89mm* avec un écart final entre les longueurs à cœur et au bord égal à *0.32mm*.

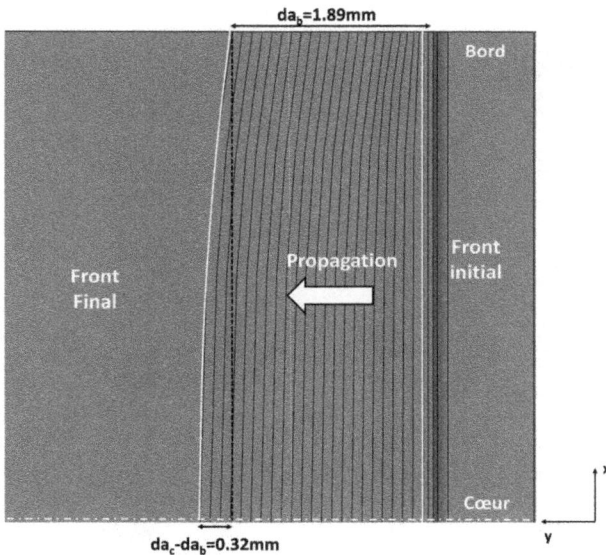

Figure 93 : Evolution de la forme des fronts de fissure avec une interpolation polynomiale du quatrième ordre des valeurs brutes à l'issue des calculs numériques ; $\Delta K = 12 MPa\sqrt{m}$ et $R=0.7$.

Enfin, l'évolution volumique du facteur d'intensité effectif ΔK_{eff}^{ℓ} le long des fronts au cours de la propagation est montrée dans la Figure 94a), tandis que l'évolution de la forme des fronts de fissure au cours de la propagation dans le plan de propagation, avec les valeurs correspondantes de ΔK_{eff}^{ℓ} est reportée en Figure 94b).

Il ressort que la couleur rouge est prédominante dans l'allure de ΔK_{eff}^{ℓ} et ceci dès le cinquième front, ce qui témoigne de la rapidité à laquelle une valeur quasi constante de ΔK_{eff}^{ℓ} le long du front est atteinte, en validant l'absence de fermeture.

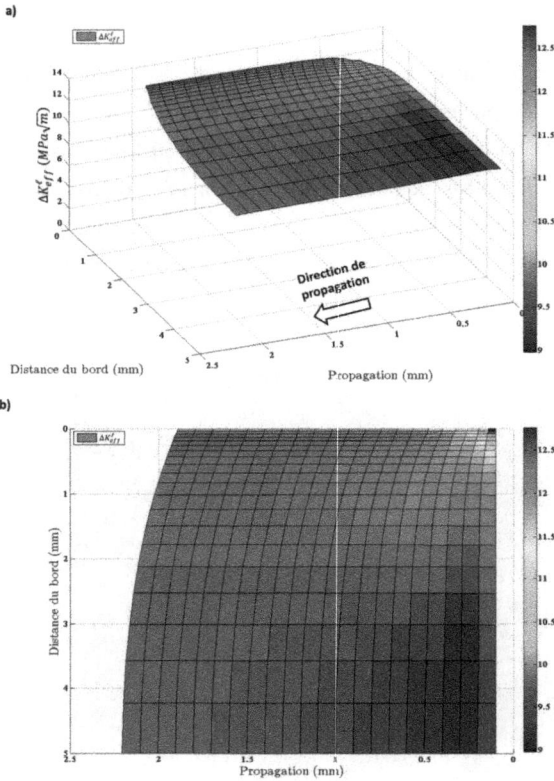

Figure 94 : a) Evolution volumique du facteur d'intensité de contraintes effectif local ΔK_{eff}^{ℓ} et b) Evolution des formes polynomiales des fronts de fissure dans le plan de propagation, avec valeurs du FIC ΔK_{eff}^{ℓ} le long du plan de propagation et de la distance du bord ; $\Delta K = 12 MPa\sqrt{m}$ et $R=0.7$.

3.3.2 Résultats et comparaison des prédictions numériques de la forme des fronts avec les essais expérimentaux

3.3.2.1 Comparaison des formes finales

Les trois fronts expérimentaux obtenus par transition air vide sont comparés avec la prédiction numérique dans la Figure 95.

Le front numérique ne semble pas bien prédire la courbure près de la surface libre : les effets de bord ne sont pas bien maitrisés, l'écart au bord entre les calculs numériques et l'observation expérimentale étant égal à environ 0.36mm.

154

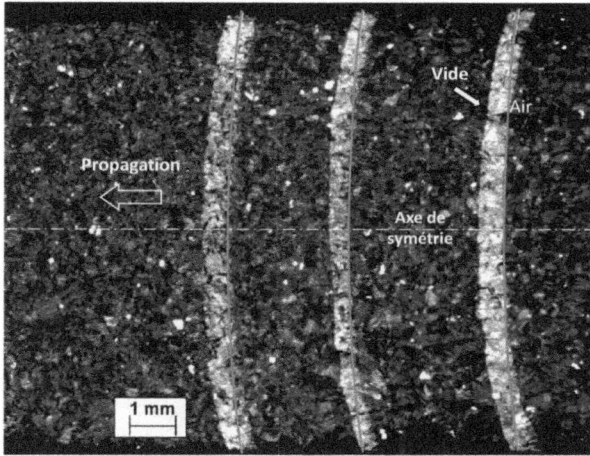

Figure 95 : Comparaison des formes finales des fronts numériques avec description polynomiale d'ordre 4 du front de fissure et fronts expérimentaux observés ; $\Delta K = 12MPa\sqrt{m}$ et $R=0.7$.

3.3.2.2 Evolutions des facteurs d'intensité de contraintes locaux

L'écart entre les longueurs à cœur et au bord Δa_{c-b}, ainsi que l'écart absolu en pourcentage de ΔK_{eff}^{ℓ} le long de la demi-épaisseur $E_{abs}\% \Delta K_{eff}^{\ell}$, définis dans le chapitre III sont également tracés dans les Figures 96a) et b) respectivement.

D'abord, l'évolution de l'$E_{abs}\% \Delta K_{eff}^{\ell}$ dans la Figure 96a) montre un écart minimal de 1.12%, pour une valeur moyenne $\Delta K_{eff}^{\ell} = 12.4MPa\sqrt{m}$.

Contrairement aux cas précédents, cette valeur s'avère être supérieure à celle imposée ($\Delta K = 12MPa\sqrt{m}$) probablement à cause de la courbure moins prononcée (on rappelle ici que pour le front droit traité dans le chapitre II, la valeur de ΔK_{eff}^{ℓ} trouvée à cœur était égale à $12.64MPa\sqrt{m}$), mais surtout à cause de l'absence de fermeture.

En ce qui concerne l'allure de Δa_{c-b} en Figure 96b), une stabilisation semble quasi complétement atteinte, avec un plateau à $0.32mm$.

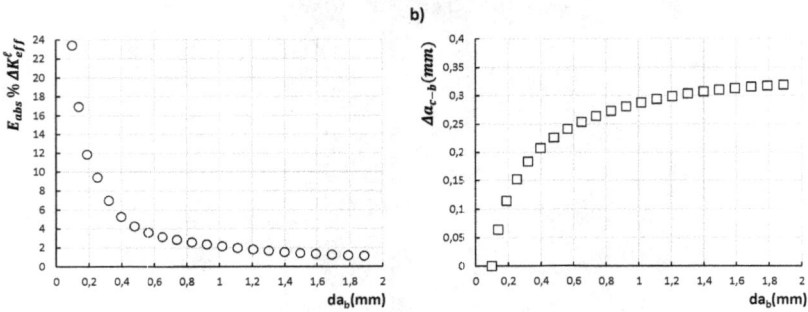

Figure 96 : a) $E_{abs}\%\,\Delta K_{eff}^{\ell}$ et b) Δa_{c-b} au cours de la propagation pour les formes polynomiales des fronts de fissure ; $\Delta K = 12MPa\sqrt{m}$ et $R=0.7$.

Les évolutions des facteurs d'intensité effectifs de contraintes locaux initiaux (front droit) et finaux (front courbe polynomiale d'ordre 4) sont comparées dans la Figure 97.

La valeur de ΔK_{eff}^{ℓ} à cœur, cette fois, ne s'éloigne pas de celle détectée initialement par le front de départ droit en lien avec l'absence de fermeture au cours de la propagation et surtout à la forme peu courbée du front final.

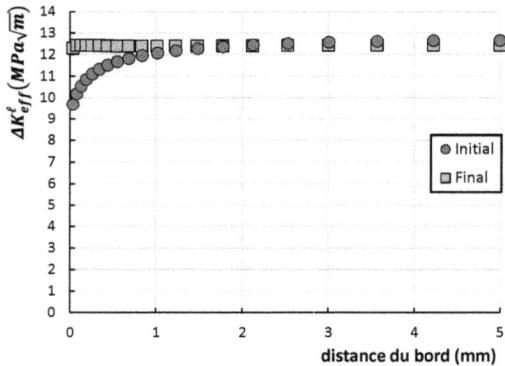

Figure 97 : Evolution de ΔK_{eff}^{ℓ} le long de la demi-épaisseur pour le front initial et pour le front final décrit par la fonction polynomiale d'ordre 4 ; $\Delta K = 12MPa\sqrt{m}$ et $R=0.7$.

Enfin les allures des facteurs d'intensité de contraintes locaux au cours de la propagation pour le nœud voisin du bord (en fonction de da_b) et pour le nœud à cœur (da_c) sont montrées en Figures 98 a) et b) respectivement.

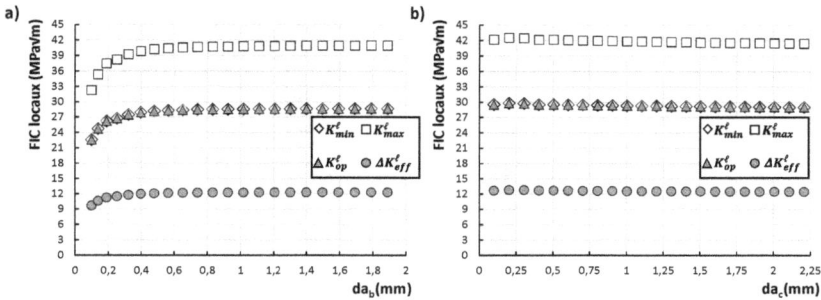

Figure 98 : Allures des facteurs d'intensité de contraintes locaux pour a) le nœud voisin du bord et b) le nœud à cœur de l'éprouvette, pour les formes polynomiales des fronts de fissure ; $\Delta K = 12 MPa\sqrt{m}$ et $R=0.7$.

Le facteur d'intensité de contraintes maximal K_{max}^{ℓ} associé au nœud voisin du bord dans la <u>Figure 98</u>a) montre une stabilisation de la valeur à $40.95 MPa\sqrt{m}$, valeur qui est légèrement supérieure au chargement K_{max} imposé ($40. MPa\sqrt{m}$).

Il est intéressant de noter que la valeur de K_{max}^{ℓ} détectée à cœur au cours de la propagation (<u>Figure 98</u>b)) est stabilisée autour d'une valeur légèrement supérieure ($41.4 MPa\sqrt{m}$) à celle du nœud voisin du bord.

L'allure de K_{op}^{ℓ} se superpose à celle de K_{min}^{ℓ} en tous les nœuds, tant au bord qu'à cœur, à cause de l'absence de la fermeture.

La forme du front final peut être considérée comme stabilisée, puisque l'allure de ΔK_{eff}^{ℓ} est constante le long du front.

3.4 Analyse critique de la démarche adoptée

Ce paragraphe propose une analyse critique des choix et des hypothèses adoptées dans le modèle de prédiction de la forme des fronts de fissure qui ont abouti aux résultats montrés.

Au vu de la démarche proposée, il est évident que le calcul du facteur d'intensité de contraintes maximal local K_{max}^{ℓ} joue un rôle essentiel, qui influence la fiabilité des prédictions numériques.

C'est pourquoi la méthode de Shih et Asaro [154], proposée par ABAQUS pour la détermination de K_{max}^{ℓ}, a été comparée avec des méthodes classiques d'extraction du facteur d'intensité de contraintes, à partir du calcul des intégrales J en états de contrainte et de déformation planes.

On rappelle que, pour un matériau globalement élastique, il est démontré que le taux de restitution d'énergie G est directement lié au facteur d'intensité de contrainte [34], comme décrit par l'<u>Equ.I.14</u> et rappelé ici :

157

$$G = \frac{\kappa + 1}{8\mu} K_I^2$$ (Equ.I. 14)

Avec $G = J$ sous hypothèse d'élasticité

Où μ est le module de cisaillement, ν est le coefficient de Poisson. On a $\kappa = 3 - 4\nu$ en état de déformation plane et $\kappa = \left(\frac{3 - \nu}{1 + \nu}\right)$ en état de contrainte plane.

Pour effectuer cette comparaison, on fera référence au dernier cas analysé en absence de fermeture, à savoir $\Delta K = 12 MPa\sqrt{m}$ et $R=0.7$, notamment pour le dernier front obtenu par le modèle numérique et montré en Figure 95.

Dans cette comparaison, le nœud du bord a été également considéré afin de vérifier la prise en compte des états de contrainte plane près de la surface libre et de déformation plane à cœur de l'éprouvette. La Figure 99 montre les résultats obtenus.

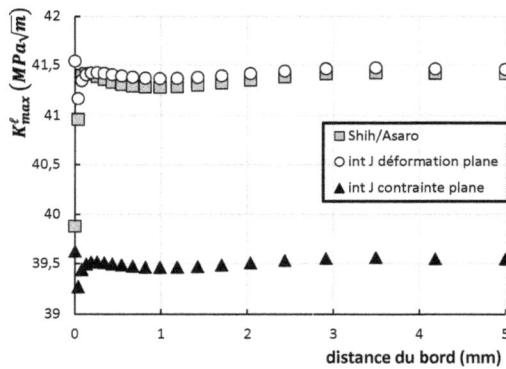

Figure 99 : Comparaison des évolutions des facteurs d'intensité de contraintes maximaux locaux obtenus avec la méthode de Shih et Asaro [154] et avec la méthode classique de l'intégrale J en état de déformation et de contrainte planes dans le cas du dernier front prédit numériquement ; $\Delta K = 12 MPa\sqrt{m}$ et $R=0.7$.

Les valeurs de K_{max}^{ℓ} déterminées avec la méthode de Shih et Asaro [154] se superposent presque exactement aux valeurs obtenues avec la méthode énergétique de l'intégrale J en état de déformation plane, sauf pour les deux nœuds tout près du bord. De plus, la valeur du bord, selon Shih et Asaro, ne rejoint pas complètement la valeur en contrainte plane.

La méthode de Shih et Asaro [154] a été employée dans ce travail afin de s'affranchir des hypothèses de contrainte et de déformation planes. Toutefois, une analyse plus approfondie nous a révélé que cette méthode sous-estime les effets de bord et ce qui est probablement en partie à l'origine de la faible courbure prédite par le modèle numérique.

Cependant, dans la littérature, il existe très peu de propositions concernant une prise en compte correcte de ces effets dans une pièce volumique.

Comme précisé dans le chapitre bibliographique I, Newman [86] a proposé une équation générale reliant l'amplitude de charge appliquée à la contrainte à l'ouverture : les effets tridimensionnels sont considérés à travers un facteur de confinement α égal à 1 ou 3 (état de contraintes et de déformations planes respectivement), facteur initialement défini par Dugdale [88].

Ensuite, Liu et al. [90] ont proposé une démarche analytique intéressante pour prendre en compte les influences de différents paramètres, tels que l'épaisseur de la pièce B, le coefficient de Poisson v et le rapport de charge R sur le taux d'ouverture effectif $U = {\Delta K_{eff}}/{\Delta K}$ et sur le coefficient d'ouverture $\gamma = {S_{op}}/{S_{max}} = {K_{op}}/{K_{max}}$.

Ces derniers ont retenu les coefficients de Newman [86]. Les valeurs extrêmes en état de déformation et contrainte plane ont été utilisées afin de déterminer une épaisseur relative $t_{re} = t\left(\frac{\sigma_s}{K_{max}}\right)^2$, où σ_s est la limite d'élasticité. Le facteur de confinement α est finalement déterminé par comparaison et superposition des différents modèles, tels que ceux proposées par Huang et al.[91] et par Codrington et al. [92].

Toutefois ce modèle néglige l'effet des différentes formes des fronts de fissure.

Par ailleurs, Camas et al. [120, 122] ont montré en effet que la zone plastique, ainsi que la surface plastifiée le long de l'épaisseur et la taille de la zone plastique dans le plan de propagation de la fissure étaient fonctions de la charge appliquée, de l'épaisseur, mais aussi de la courbure du front de fissure.

Cette étude propose alors une approche préliminaire de l'étude de l'influence des effets de contraintes et de déformations planes sur les allures des facteurs d'intensité de contraintes locaux, notamment le facteur d'intensité de contrainte maximal K^{ℓ}_{max}.

Afin de vérifier l'influence de ces deux états extrêmes nous avons proposé des *facteurs de confinement* avec différentes lois d'évolution entre les allures extrêmes des valeurs de K^{ℓ}_{max} calculées avec la méthode de l'intégrale J. Ces allures sont alors montrées dans la <u>Figure 100</u>.

La valeur de K^{ℓ}_{max} en chaque nœud est calculée comme un pourcentage des valeurs extrêmes, calculé par la loi d'évolution utilisée, les valeurs au bord et à cœur étant égales à 100% de la valeur en état de contrainte plane et de déformation plane respectivement.

Le facteur de confinement indiqué en triangle noir ("polynôme1") considère l'influence de l'état de contrainte plane sur une portion réduite de la demi-épaisseur (distance du bord égale à *2mm*).

Le "polynome2" considère une influence supérieure et égale à 100% de la valeur en état de contrainte plane jusqu'une distance de 0.5mm de la surface libre, tandis que le "polynôme3" considère une distance encore supérieure, égale à 1mm du bord.

Enfin, pour la distribution elliptique, le demi grand axe a été imposé égal à la distance entre le nœud voisin du bord et le nœud à cœur ($\cong 5mm$), alors que le demi petit axe correspond à la différence entre les valeurs de J en contrainte et en déformation planes, définis par l'Equ.I.14.

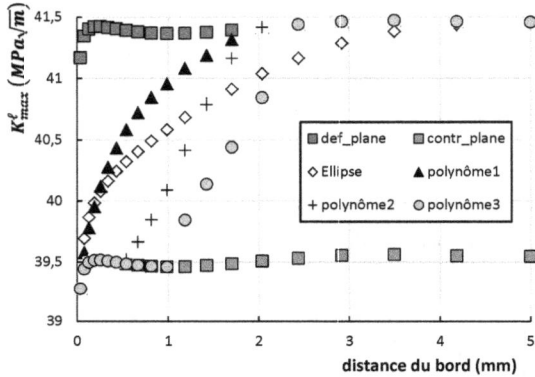

Figure 100 : Différentes évolutions étudiées de K_{max}^{ℓ} dans la demi-épaisseur ; $\Delta K = 12 MPa\sqrt{m}$ et $R=0.7$.

Les facteurs de confinement ont été définis dans la Figure 100 pour des valeurs de K_{max}^{ℓ} au bord inférieures (front peu courbé) ou sensiblement inférieures (front droit) qu'à cœur.

Toutefois, il faut considérer que si on trace ces mêmes évolutions pour un front courbe polynomial d'ordre 4, les allures de K_{max}^{ℓ} étant renversées, l'évolution de K_{max}^{ℓ}, après l'application du facteur de confinement entre les deux allures extrêmes en état de déformation et de contrainte planes, montre une faible inflexion tout près de la surface libre.

La Figure 101 montre un tel exemple pour un front obtenu avec une interpolation polynomiale d'ordre 4 et un facteur de confinement elliptique après 2.7mm de propagation avec un chargement imposé $\Delta K = 18 MPa\sqrt{m}$ et rapport de charge $R=0.1$.

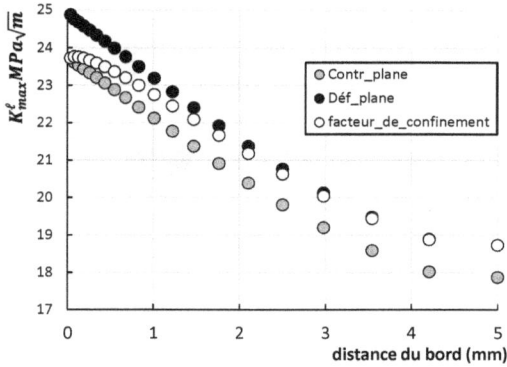

Figure 101 : Evolutions des facteurs d'intensité de contraintes, calculés avec la méthode de l'intégrale J en état de contrainte et de déformation planes et avec l'application du facteur de confinement "elliptique", pour un front courbe polynomiale d'ordre 4 à $da_b=2.7mm$, $\Delta a_{c-b}=1.08mm$; $\Delta K = 18MPa\sqrt{m}$ et $R=0.1$.

Les simulations numériques avec les *facteurs de confinement* présentés dans la <u>Figure 100</u> ont été effectuées pour une amplitude $\Delta K = 12MPa\sqrt{m}$ et un rapport de charge $R=0.7$.

De plus, comme il a été montré que ces conditions n'entrainent aucune fermeture induite par plasticité dans la pièce, les *facteurs de confinement* proposés ont été testés dans le cas de simulations purement élastiques pour le calcul de K_{max}^{ℓ} : les valeurs correspondantes de ΔK_{eff}^{ℓ} sont ensuite obtenues comme un pourcentage des valeurs locales élastiques en chaque nœud, à savoir $\Delta K_{eff}^{\ell} = 0.3 * K_{max}^{\ell}$.

Le <u>Tableau 7</u> montre les résultats en terme de valeurs finales des écarts $E_{abs}\%$ ΔK_{eff}^{ℓ} et de Δa_{c-b} pour les différents *facteurs de confinement proposés*.

Afin de bien comparer les résultats obtenus, les simulations ont été menées jusqu'à des longueurs supérieures à 4mm, y compris la simulation numérique précédente effectuée avec la méthode de Shi et Asaro [154]. De plus, l'écart des longueurs Δa_{c-b}, mesuré pour les trois fronts expérimentaux, a été ajouté.

Il est intéressant de noter que Δa_{c-b} augmente avec la prise en compte de l'état de contrainte plane sur une longueur supérieure.

Dans tous les cas, un écart avec l'observation expérimentale demeure, avec notamment une valeur minimale de *0,68mm-0,491mm=0.19mm* ("polynôme3").

Par contre, l'écart absolu de ΔK_{eff}^{ℓ} le long du front $E_{abs}\% \Delta K_{eff}^{\ell}$ augmente aussi en passant de la distribution Shih/Asaro à celle "polynôme3", avec un pourcentage intermédiaire pour le *facteur elliptique*, sans toutefois des différences trop significatives.

da_b>4mm	Δa_{c-b} (mm)	$E_{abs} \% \Delta K_{eff}^{\ell}$
Shih/Asaro	0.335	0.937
Ellipse	0.427	1.07
Polynôme 1	0.406	0.62
Polynôme 2	0.458	1.06
Polynôme 3	0.491	1.81
Expérimental	0.68 ± 0.066	

Tableau 7 : Valeurs finales des écarts $E_{abs}\% \Delta K_{eff}^{\ell}$ et Δa_{c-b} pour les différents *facteurs de confinement* proposés; $\Delta K = 12MPa\sqrt{m}$ et $R=0.7$.

Afin de comprendre l'influence de l'application du facteur de confinement sur les évolutions des formes des fronts de fissure, une simulation élasto-plastique a été réalisée avec le facteur de confinement défini par l'"ellipse" (cette forme nous paraissant plus réaliste) dans les conditions de chargement imposées $\Delta K = 18MPa\sqrt{m}$ et $R=0.1$. La simulation a été menée jusqu'à une longueur au bord $da_b=3.4mm$, de manière analogue à celle réalisée dans le cas précédent (<u>Figure 88</u>).

L'écart entre les longueurs à cœur et au bord Δa_{c-b}, ainsi que l'écart absolu en pourcentage de ΔK_{eff}^{ℓ} le long de la demi-épaisseur $E_{abs}\% \Delta K_{eff}^{\ell}$ ont été tracés en <u>Figure 102</u> et comparés avec les résultats correspondants obtenus dans les mêmes conditions de chargement avec la méthode de calcul de Shi et Asaro (<u>Figure 88</u>).

La comparaison dans la <u>Figure 102</u>a) montre que les allures sont très comparables, avec toutefois moins d'oscillations dans le cas de l'utilisation du facteur de confinement, l'écart absolu final étant aussi plus faible (2.7% au lieu de 4.43%).

Par contre, la <u>Figure 102</u>b) ne montre toujours pas de stabilisation dans l'écart Δa_{c-b}.

L'écart correspondant au dernier front est égal à *1.16mm* à comparer aux *1,06mm* obtenus avec la méthode de Shih et Asaro [154] (<u>Figure 88</u>). Cette évolution est cohérente avec les résultats du <u>Tableau 7</u>.

Par ailleurs les résultats obtenus avec l'utilisation du facteur de confinement ont demandé un relâchement de plus (45) par rapport au cas précédent pour atteindre la même longueur de fissure au bord.

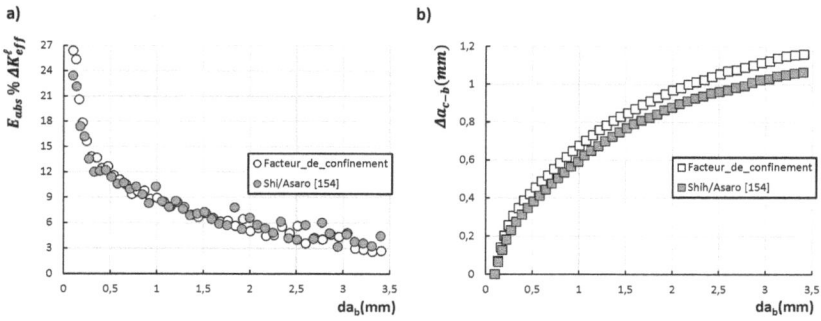

Figure 102 : Comparaison de a) $E_{abs}\%\,\Delta K^{\ell}_{eff}$ et b) Δa_{c-b} au cours de la propagation pour les formes polynomiales d'ordre 4 des fronts de fissure obtenues avec la méthode de calcul de Shih et Asaro [154] et avec la définition d'un facteur de confinement elliptique ; $\Delta K = 18MPa\sqrt{m}$ et $R=0.1$.

Enfin, la comparaison de la prédiction numérique avec l'observation expérimentale de la forme finale du front est montrée en Figure 103.

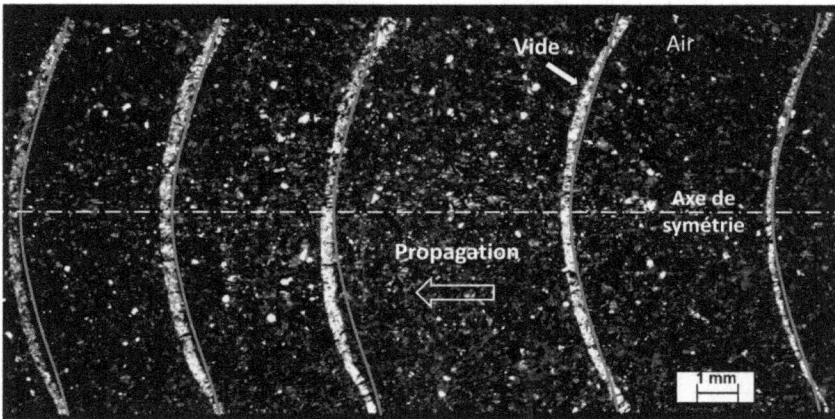

Figure 103 : Comparaison des formes finales des fronts numériques avec description polynomiale de la forme prédite de fissure et avec la définition du facteur de confinement et fronts expérimentaux observés ; $\Delta K = 18MPa\sqrt{m}$ et $R=0.1$.

La forme prédite par le modèle numérique montre toujours une faible courbure près de la surface libre, ainsi qu'une légère inflexion de la forme.

On rappelle qu'en effet les valeurs locales des facteurs d'intensité de contraintes élastiques K^{ℓ}_{max} influencent les valeurs correspondantes de K^{ℓ}_{op} et de ΔK^{ℓ}_{eff}, ainsi que, par conséquent, l'avancement Δa_i de chaque nœud, dans l'Equ.III.3 et la forme approximée correspondante du front de fissure qui en découle.

Malheureusement, dans la littérature, il n'existe aucune proposition universellement acceptée et employée.

Cependant cette première proposition a démontré qu'une étude encore spécifique de ce paramètre devrait amener à améliorer considérablement les résultats obtenus, ainsi que la compréhension des phénomènes locaux.

4. Conclusions

Ce chapitre a été consacré à un dialogue expérimental/numérique.

Deux essais expérimentaux dans différentes conditions de chargement ont été menés afin de vérifier la robustesse des choix effectués pour le développement du modèle numérique de prédiction de la forme des fronts de fissure, réalisé dans le chapitre précédent.

Les essais ont été réalisés pour $\Delta K = 18 MPa\sqrt{m}$ et $R=0.1$ et pour $\Delta K = 12 MPa\sqrt{m}$ et $R=0.7$.

Les marquages des fronts de fissure ont été réalisés par des transitions air/vide au cours d'un essai de fissuration par une machine hydraulique INSTRON équipée d'un casson hermétique permettant le passage sous vide. La technique de la *variation de complaisance* par le biais d'un capteur COD pour le suivi de la longueur de la fissure a permis le pilotage informatisé de l'essai avec le logiciel *ACG (Advanced Crack Growth)*.

Les fronts obtenus présentent une bonne symétrie, ainsi qu'une reproductibilité remarquable de la forme du front pour différentes longueurs de fissure : la forme du front peut alors être considérée comme stabilisée.

Le premier essai à $\Delta K = 18 MPa\sqrt{m}$ et $R=0.1$ a montré une forme très similaire à celle obtenue par l'essai effectué par Arzaghi et al. [118] pour $\Delta K = 15 MPa\sqrt{m}$ et $R=0.1$.

Toutefois, la comparaison des observations avec la forme obtenue par le modèle numérique montre des écarts surtout près de la surface libre. Le front final numérique a une courbure assez faible près de la surface libre et un écart bord/cœur égal à *1.064mm*, inferieur de *0.34mm* au résultat expérimental. Ceci est dû à la prédiction numérique d'une plus faible fermeture par rapport au cas $\Delta K = 12 MPa\sqrt{m}$ et $R=0.1$.

Afin de découpler les influences des effets mécaniques (état de contrainte et de déformation planes) un essai à $\Delta K = 12 MPa\sqrt{m}$ et $R=0.7$, c'est-à-dire en absence de fermeture, a été réalisé. Les résultats ont montré des fronts de fissure stabilisés assez plats avec un écart bord/cœur plus faible et égal à $0.68 \pm 0.0.066 mm$.

Lorsque les fronts observés sont comparés avec la prédiction numérique un écart sur le bord demeure : le front final numérique présente un écart bord/cœur réduit égal à *0.33mm*.

Ces comparaisons nous conduisent à reconsidérer le calcul du facteur d'intensité de contraintes maximal K_{max}^{ℓ}, qui joue un rôle crucial dans la détermination de la forme du front de fissure.

Il apparaît que lorsque la méthode de Shih et Asaro [154], proposée par ABAQUS [152, 153] est comparée avec la méthode d'extraction classique de l'intégrale J en état de déformation et de contrainte plane, l'état de déformation plane est prédominant le long de la demi-épaisseur, sauf pour les deux nœuds au bord. De plus, selon Shih et Asaro, la valeur au bord ne rejoint pas complètement la valeur en contrainte plane.

C'est la raison pour laquelle nous avons proposé différentes définitions d'un *facteur de confinement* avec différentes lois d'évolution entre les allures extrêmes des valeurs de K_{max}^{ℓ} calculées avec la méthode de l'intégrale J, en état de contrainte et de déformation planes.

Il a été observé que Δa_{c-b} augmente avec la prise en compte de l'état de contrainte plane sur une longueur supérieure.

Cependant, dans tous les cas, un écart avec l'observation expérimentale demeure, avec notamment une valeur minimale de *0,68mm-0,491mm=0.19mm* (dans le cas du 'polynôme3' qui considère le 100% de la valeur en état de contrainte plane jusqu'à une distance de *1mm* du bord).

Afin de comprendre l'influence de l'application du facteur de confinement sur les évolutions des formes des fronts de fissure, une simulation élasto-plastique a été réalisée avec le facteur de confinement défini par une "ellipse" (le demi grand axe a été imposé égal à la distance entre le nœud voisin du bord et le nœud à cœur, $\cong 5mm$, alors que le demi petit axe correspond à la différence entre les valeurs de J en contrainte et en déformation planes, définis par l'Equ.I.14) dans les conditions de chargement imposées $\Delta K = 18MPa\sqrt{m}$ et *R=0.1*.

Les résultats ont montré un gain de 0.1mm sur l'écart bord/cœur, à savoir un écart final égal à *1.16mm*, avec un facteur de confinement de forme "elliptique".

Ces différentes tentatives montrent que l'écart bord/cœur est assez fortement influencé par l'interpolation utilisée. Une plus importante prise en compte de l'effet contrainte plane au bord entraine une augmentation de l'écart bord/cœur, sans toutefois réussir à retrouver les valeurs expérimentales.

Cette première proposition a donc montré la nécessité d'une étude spécifique afin de bien définir la transition de l'état de contrainte plane (bord) à celle de déformation plane (cœur), très peu de propositions étant disponibles dans la littérature [90- 92].

Conclusions générales et perspectives

Conclusions générales

Cette étude avait pour objet la modélisation numérique en 3D du phénomène de la fermeture induite par la plasticité, en fonction de la géométrie du front de fissure dans un acier inoxydable 304L, soumis à un chargement cyclique de fatigue. Ce travail a été réalisé selon une double approche expérimentale et numérique. L'objectif n'étant pas de simuler la propagation en fonction des mécanismes qui la gouvernent, l'effet de fermeture est ici étudié de façon précise, en fonction de la longueur d'une fissure se développant dans le plan médian d'une éprouvette CT.

La simulation numérique est réalisée à l'aide du logiciel aux éléments finis ABAQUS et du langage de programmation PYTHON.

Cette étude fait suite aux travaux de thèse de Vor [112] sur une fissure simulée avec un front droit et ceux de Chea, au cours de son Master 2 [113] sur une fissure ayant un front simulé par un arc de cercle prédéfini, en employant une loi de comportement de type Chaboche [114] avec combinaison des écrouissages cinématiques et isotropes non linéaires.

Sur ces bases, ce présent travail de thèse s'est proposé d'approfondir l'étude de l'influence de la forme et de la longueur des fronts de fissure sur la simulation de la fermeture induite par plasticité au cours de la propagation, en s'appuyant sur le calcul des valeurs locales du FIC à l'ouverture K_{op}^{ℓ} et de l'amplitude effective ΔK_{eff}^{ℓ}, considérée comme étant la *force motrice* de la propagation.

Dans la littérature, très peu de propositions existent et, surtout, aucune parmi celles-ci n'a jamais abordé une comparaison directe des formes finales expérimentales et numériques, en montrant la stabilisation de ΔK_{eff}^{ℓ} : les résultats obtenus représentent par conséquent une approche tout à fait innovante.

Les comparaisons des allures des FIC effectifs ΔK_{eff}^{ℓ} avec des géométries prédéfinies de fronts de fissures *droits* [112], courbes en arcs de cercle *progressifs* [113] et courbes en arc de cercle *réguliers* (présente étude) ont montré, pour différentes longueurs de fissure (0.5, 1 et 1.5mm avec des avancées de 0.05mm par relâchement) des oscillations des valeurs le long de la demi-épaisseur. Ces résultats ont indiqué que la configuration géométrique réelle du front est associée à une valeur uniforme du facteur d'intensité de contraintes effectif le long du front de fissure.

La forme réelle du front a été alors reproduite sous ABAQUS de façon approchée. Un pas d'avancement des fronts de fissure de 0.1mm a été adopté jusqu'à une longueur finale de *4mm*. Le choix de *0.1mm* entraine une légère sous-estimation de la fermeture détectée par rapport à un pas d'avancement égal à *0.05mm*, mais n'influence pas significativement les résultats obtenus et, surtout, entraine une considérable réduction des temps de calcul.

La comparaison avec les allures de ΔK_{eff}^{ℓ} des modèles précédents a montré des réductions importantes des oscillations, certaines instabilités restant cependant encore visibles et dues à la méconnaissance de l'évolution de la forme du front au cours de la propagation, ainsi qu'à une représentation incorrecte et difficile de la forme au bord.

Par conséquent, deux différents modèles numériques de prédiction de la forme du front ont été développés.

Dans une première approche, le front de fissure est approximé par un ensemble discret de nœuds et les informations nodales (charge, conditions aux limites, etc.) des modèles élastique et élasto-plastique sont mises à jour sans relâchement simultané du front. Cette méthode permet de transférer directement les informations des champs de contraintes et de déformations des calculs plastiques d'une simulation à l'autre en réduisant considérablement les temps de calcul. Toutefois les fortes instabilités de la forme et de la distribution de ΔK_{eff}^{ℓ} le long du front n'ont pas permis de poursuivre cette démarche ;

Dans une seconde approche, un outil numérique a été développé pour aboutir à une auto-configuration de la forme des fronts avec un remaillage s'appuyant sur la nouvelle forme de front obtenue après chaque avancée. Dans cette approche les temps de calcul sont notablement plus élevés du fait de l'impossibilité de garder l'histoire de la déformation plastique cumulée. Par conséquent, dans le but de chercher le meilleur compromis entre la qualité de résultats et des temps raisonnables de calcul, le nombre de cycles par relâchement a été réduit de 15 à 5.

Les nœuds appartenant à un front considéré sont relâchés simultanément et l'avancée est déterminée en chaque nœud par une distance proportionnelle à la valeur maximale de ΔK_{eff}^{ℓ} calculée le long du front. Le remaillage nécessitant une forme continue du front de fissure, des interpolations des valeurs brutes numériques ont été testées, de type *parabolique*, *semi-elliptique* et *polynomial d'ordre 4*.

Les comparaisons des formes finales obtenues numériquement, jusqu'à des longueurs mesurées au bord d'environ *3mm*, ont montré un bon accord général avec les fronts observés expérimentalement. Les résultats ont montré que l'hypothèse d'un facteur d'intensité de contraintes effectif local ΔK_{eff}^{ℓ} comme *force motrice* de la propagation entraine une courbure du front au cours de la propagation, ce qui est cohérent avec les observations expérimentales.

Cependant, le polynôme d'ordre 4, malgré une inflexion de la forme sur chaque demi-épaisseur, s'avère conduire à une distribution quasi-constante de ΔK_{eff}^{ℓ} le long du front en fin de configuration. Toutefois, une forme finale semi-elliptique semble être plus cohérente avec la géométrie réellement observée, mais le profil final de ΔK_{eff}^{ℓ} présente de fortes fluctuations près du bord.

Afin de vérifier la robustesse des choix effectués pour le développement du modèle, deux essais expérimentaux avec marquages des fronts, à l'aide de transitions air/vide, dans les conditions de chargement $\Delta K = 18MPa\sqrt{m}$, $R=0.1$ et $\Delta K = 12MPa\sqrt{m}$, $R=0.7$ ont été menés et ont montré :

- Une remarquable reproductibilité de la forme du front pour différentes longueurs de fissure, la forme du front étant donc indépendante de la longueur considérée. Une stabilisation de la fermeture a été atteinte ;
- L'essai à $\Delta K = 18MPa\sqrt{m}$ et $R=0.1$ a montré une forme très similaire à celle obtenue pour l'essai effectué à $\Delta K = 15MPa\sqrt{m}$ et $R=0.1$ par Arzaghi et al. [118] avec une flèche de $1.4 \pm 0.15mm$;
- L'essai à $\Delta K = 12MPa\sqrt{m}$ et $R=0.7$, c'est-à-dire en absence de fermeture, a permis de découpler l'influence des effets mécaniques (états de contraintes et déformations planes) et de la fermeture. Les fronts de fissure stabilisés présentent une flèche égale à $0.68 \pm 0.066mm$.

La comparaison expérience/simulation montre que :

- Pour $\Delta K = 18MPa\sqrt{m}$ et $R=0.1$, le front numérique a une courbure plus faible avec une flèche de $1.064mm$, inférieure de $0.34mm$ de la flèche expérimentale ;
- Pour $\Delta K = 12MPa\sqrt{m}$ et $R=0.7$ la flèche numérique est de $0.33mm$, environ deux fois plus faible que la valeur expérimentale.

Cet écart en l'absence de fermeture a conduit à un examen plus précis de la prise en compte de l'état de contrainte.

La comparaison de la méthode de Shih et Asaro [154], utilisée dans ABAQUS, et de l'extraction classique de l'intégrale J en état de déformation et de contrainte plane montre que cette méthode conduit à un état de déformation plane prédominante dans la majorité de la demi-épaisseur.

Seule une toute petite portion de l'épaisseur près du bord (2 nœuds dans notre maillage) s'avère être dans un état mixte contrainte/déformation plane.

De plus, la valeur du bord ne rejoint pas complètement la valeur en contrainte plane.

Afin de mieux prendre en compte la variation de l'état de contrainte, un *facteur de confinement* a été introduit.

Pour $\Delta K = 18MPa\sqrt{m}$ et *R=0.1* une évolution elliptique conduit à une flèche de *1.16mm*, plus proche des fronts expérimentaux. Pour $\Delta K = 12MPa\sqrt{m}$ et *R=0.7,* la flèche est égale à *0.43mm*, c'est-à-dire inferieure *de 0.23 mm*, de la flèche expérimentale, mais avec un gain de *0.1mm*, par rapport à la méthode de Shih et Asaro [154].

Perspectives

Ce travail de thèse a porté sur la simulation numérique de l'évolution de la forme du front de fissure, en prenant en compte localement en chaque nœud du front de fissure la fermeture induite par plasticité et l'état de contrainte.

Les points critiques qui ressortent de ce travail et qui nécessiteraient des travaux complémentaires peuvent être identifiés comme suit :

- La description de la forme du front s'avère très influente sur les résultats. Dans ce but, la recherche d'autres types de fonctions mathématiques pourrait être envisagée.

- L'influence du nombre d'éléments le long de la demi-épaisseur, ainsi que le rapport de progression dans le maillage vers le bord devraient être étudiés plus en détail. Ces paramètres entraineront des variations dans les profils des valeurs locales du FIC et, par conséquent, des définitions mathématiques des fronts de fissure.

Dans ce but, des conditions initiales d'absence de fermeture (R élevé) et des matériaux avec des lois de comportement moins lourdes (alliage d'Aluminium pour exemple) devraient être d'abord utilisées.

Un autre aspect important s'avère être la considération correcte de la transition de l'état de contrainte plane (bord) à celle de déformations plane (cœur) le long du front de fissure.

Dans la littérature, très peu de propositions sur l'étude de la transition de l'état de contrainte plane (bord) à celle de déformation plan (cœur) existent [90- 92].

Dans cette étude il a été proposé d'utiliser un *facteur de confinement* elliptique pour considérer à la fois les valeurs issues du calcul énergétique de l'intégrale J en fonction de la position dans la demi-épaisseur.

Cette dernière proposition a montré une amélioration de la qualité des résultats obtenus et constitue une bonne base de départ pour des études futures plus approfondies sur cet aspect.

Enfin, différentes histoires de chargement, à savoir des charges de type Low-High, High-Low, des tests de seuil ou encore des tests avec des conditions plus classiques de chargement (effort constant) pourront permettre de développer ultérieurement et d'affiner le modèle proposé.

Annexes :

Modèles avec géométrie préétablie

Annexes : Modèles avec géométrie préétablie

Ces annexes résument quelques tests effectués, ayant pour objectif la validation de certains choix décrits dans le Chapitre II.

A. Influence de la taille minimale des éléments dans le plan de propagation

Une étude sur l'influence de la taille minimale des éléments dans le plan de propagation sur la valeur locale de K_{op}^{ℓ} détectée au bord de l'éprouvette (premier nœud au-dessous de la surface libre) a été menée.

Dans son mémoire, Vor [112] avait déterminé la valeur limite critique de la longueur relative de fissure, appelée da_{cr}, qui marquait le passage de fissure dite *courte* à fissure *longue*, comme décrit dans le Chapitre I, paragraphe 4.2.

Afin d'étudier des longueurs de fissure plus importantes (jusqu'à $da_b = 4mm$) la taille des éléments dans la zone de propagation dans le modèle avec *fronts courbes réguliers* a été doublée (0.1mm), comme montré dans la Figure 104.

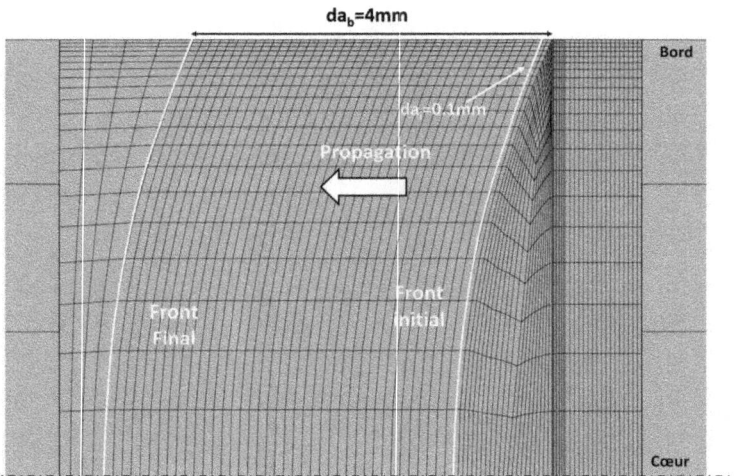

Figure 104 : Maillage avec taille doublée (0.1mm) du modèle avec des fronts de propagation courbes réguliers ; simulations menées jusqu'à la longueur relative de fissure $da_b = 4mm$.

Différents tests préalablement réalisés ont amené à incrémenter la taille des éléments derrière le front final : en effet comme il sera montré dans le détail, la fermeture prédite par le modèle est

176

stabilisée pour des longueurs bien inférieures à da_f=4mm. Ceci a permis de réduire considérablement les temps de calcul, aussi bien que la taille des fichiers de sortie.

La <u>Figure 105</u> montre l'évolution de K_{op}^{ℓ} obtenue par le modèle doublé (0.1mm), en la comparant avec celle prévue par le modèle avec maillage fin (0.05mm), en observant, pour ce dernier, le premier et le deuxième nœud derrière le front de fissure pour chaque avancée.

On rappelle que l'avancée du modèle avec taille d'éléments de 0.05mm a été menée jusqu'à la longueur relative finale au bord da_b=1.5mm.

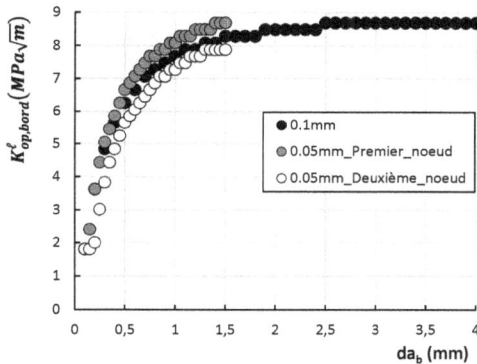

Figure 105 : Comparaison des évolutions de K_{op}^{ℓ} au cours de la propagation entre les modèles à courbure constante avec une taille doublée de 0.1mm et de de 0.05mm, observation du premier et du deuxième nœud derrière la pointe de la fissure.

Il ressort que la valeur stabilisée de K_{op}^{ℓ} détectée par ce modèle ($8.685 MPa\sqrt{m}$) est assez différente de la valeur de K_{op} déterminée par Vor [112] avec la méthode globale de la *complaisance* et avec des *fronts* de fissure *droits* (environ $4.5 MPa\sqrt{m}$).

De plus, la longueur relative de fissure nécessaire à la stabilisation était da_b=1.2mm, alors que celle trouvée par la présente étude est da_b=2.5mm.

L'influence du type de méthode utilisée semble évidente (locale dans la présente étude et globale en [112]), toutefois, une faible influence additionnelle du nombre de cycles entre chaque relâchement (réduit de moitié) devrait aussi être considérée.

La courbe obtenue avec l'observation du deuxième nœud derrière la pointe bien est proche de celle associée au maillage doublé, car, en effet, il s'agit du même nœud d'observation : la faible différence est probablement due au nombre différent de cycles pour atteindre la même longueur, mais cette influence se réduira au cours de la propagation pour finalement disparaitre une fois la stabilisation de la fermeture atteinte.

177

Enfin, l'influence de la taille minimale des éléments a été étudiée en comparant les évolutions des facteurs d'intensité locaux de contraintes à l'ouverture K_{op}^{ℓ} et effectif ΔK_{eff}^{ℓ} le long de l'épaisseur dans les cas des modèles avec avancée de $0.05mm$ et $0.1mm$. L'évolution du facteur d'intensité local de contraintes K_{max}^{ℓ} est également tracée en Figure 106 : les valeurs trouvées ne sont pas affectées par la taille des éléments.

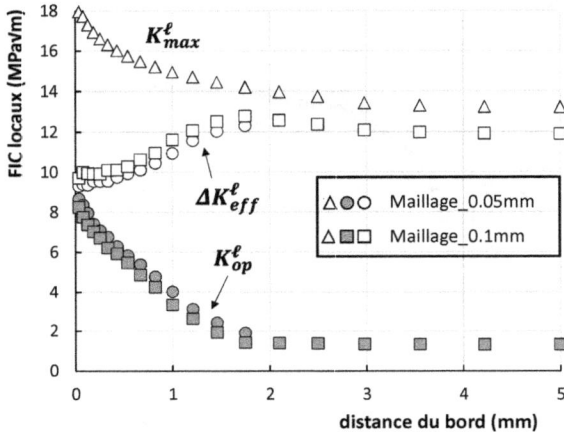

Figure 106 : Comparaisons des évolutions des facteurs d'intensité de contraintes locaux à l'ouverture K_{op}^{ℓ} et effectifs ΔK_{eff}^{ℓ} le long de l'épaisseur, obtenus avec les modèles avec fronts courbes réguliers et avancée de $0.1mm$ et $0.05mm$, à la longueur relative de fissure $da_b=1.5mm$.

La comparaison montre que les valeurs locales de K_{op}^{ℓ} détectées par le modèle avec taille d'éléments de $0.1mm$ sont légèrement plus faibles, mais restent proches des valeurs correspondantes du modèle avec avancée de $0.05mm$. Ceci entraine aussi des valeurs plus élevées de ΔK_{eff}^{ℓ}.

En conclusion, les allures semblent être assez comparables.

Le même type de comparaison a été aussi effectué pour d'autres types de géométries préétablies et d'histoires des formes des fronts: aucune influence significative n'est apparue.

Pour cette raison la taille retenue dans ce modèle est de $0.1mm$, ce qui a permis d'exploiter des longueurs de fissure supérieures (jusqu'à $da_b=4mm$) et de vérifier la stabilisation de la fermeture, comme il a été montré dans la Figure 53.

178

B. Influence du nombre de cycles et de la taille minimale des éléments dans le plan de propagation

Dans le chapitre III, afin de réduire considérablement les temps de calcul, certaines simplifications liées notamment au nombre de cycles entre chaque relâchement, ainsi que à la taille minimale des éléments dans le plan de propagation ont été effectuées.

La Figure 107 montre les effets simultanés de la réduction du nombre de cycles (de 15 à 5) entre les relâchements et de l'augmentation de la taille des éléments (de $0.05mm$ et $0.1mm$), correspondant au pas d'avancement maximal des fronts de propagation, pour un front droit à $da_b=1.5mm$.

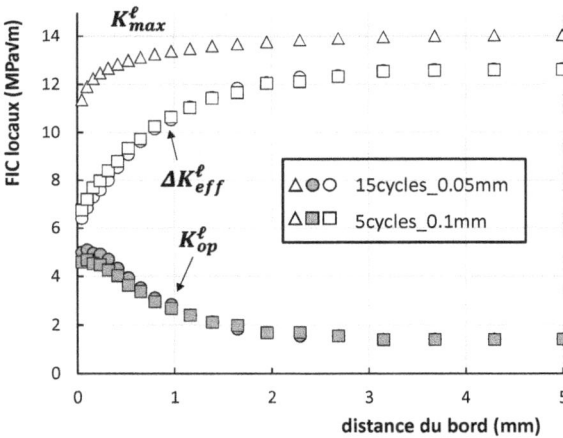

Figure 107 : Comparaison des évolutions des facteurs d'intensité de contraintes locaux à l'ouverture K_{op}^{ℓ} et effectifs ΔK_{eff}^{ℓ} le long de l'épaisseur ; effets simultanées de l'avancée de fissure ($0.05mm$ et $0.1mm$) et du nombre de cycles par relâchement (15 et 5) pour une longueur relative de fissure $da_b=1.5mm$.

Les allures montrent globalement des valeurs très similaires, les différences les plus significatives étant détectées près de la surface libre.

Nous avons par conséquent comparé dans la Figure 108 les évolutions des facteurs d'intensité de contraintes à l'ouverture K_{op}^{ℓ} le long de la propagation pour a) le nœud voisin du bord et b) le nœud à cœur, dans les deux configurations.

L'écart maximal atteint par la comparaison des allures, par ces deux nœuds est égal à $0.5\ MPa\sqrt{m}$: cette valeur est très proche de celle observée en Figure 105 dans le cas des fronts courbes réguliers (environ $0.41\ MPa\sqrt{m}$ avec le même nombre de cycles) pour le nœud voisin de celui au bord.

Par ailleurs, en observant la <u>Figure 108</u>b) on peut noter que l'écart le plus grand est obtenu pour de faibles longueurs de propagation (entre *0.2mm* et *0.7mm*), alors que ceci se réduit progressivement pour finalement disparaitre à des longueurs supérieures (environ *1mm*).

Ces comparaisons semblent montrer que l'influence du nombre de cycles sur la prédiction de la fermeture induite par plasticité est probablement plus réduite par rapport à celle de la taille des éléments.

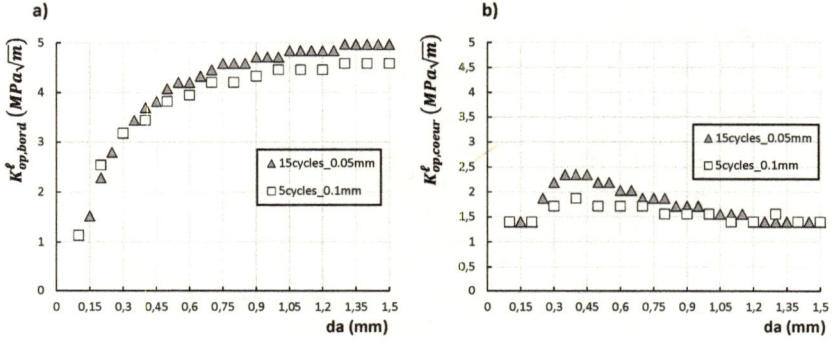

Figure 108 : Evolutions de K_{op}^{ℓ} en fonction de la longueur relative de fissure au bord da_b pour les fronts droits, dans le cas respectivement de a) Nœud voisin de celui du bord et b) Nœud à cœur.

C. Interaction Integral Method

Extrait de [152] :

In general, the J-integral for a given problem can be written as:

$$J = \frac{1}{8\pi}[K_I B_{11}^{-1} K_I + 2K_I B_{12}^{-1} K_{II} + 2K_I B_{13}^{-1} K_{III}$$
$$+ \text{(terms not involving } K_I)].$$

Where I, II, III correspond to 1, 2, 3 when indicating the components of B. We define the J-integral for an auxiliary, pure Mode I, crack-tip field with stress intensity factor k_I, as

$$J_{aux}^I = \frac{1}{8\pi} k_I \cdot B_{11}^{-1} \cdot k_I.$$

Superimposing the auxiliary field onto the actual field yields

$$J_{tot}^I = \frac{1}{8\pi}[(K_I + k_I)B_{11}^{-1}(K_I + k_I) + 2(K_I + k_I)B_{12}^{-1} K_{II} + 2(K_I + k_I)B_{13}^{-1} K_{III}$$
$$+ \text{(terms not involving } K_I \text{ or } k_I)].$$

Since the terms not involving K_I or k_I, in J_{tot} and J are equal, the interaction integral can be defined as

$$J_{int}^I = J_{tot}^I - J - J_{aux}^I = \frac{k_I}{4\pi}(B_{11}^{-1} K_I + B_{12}^{-1} K_{II} + B_{13}^{-1} K_{III}).$$

If the calculations are repeated for Mode II and Mode III, a linear system of equations results:

$$J_{int}^\alpha = \frac{k_\alpha}{4\pi} B_{\alpha\beta}^{-1} K_\beta, \quad \text{(no sum on } \alpha = I, II, III),$$

If the k_α are assigned unit values, the solution of the above equations leads to

$$\mathbf{K} = 4\pi \mathbf{B} \cdot \mathbf{J}_{int},$$

where $J_{int} = [J_{int}^I, J_{int}^{II}, J_{int}^{III}]^T$. The calculation of this integral is discussed next.

Based on the definition of the J-integral, the interaction integrals J_{int}^α can be expressed as

$$J_{int}^\alpha = \lim_{\Gamma \to 0} \int_\Gamma \mathbf{n} \cdot \mathbf{M}^\alpha \cdot \mathbf{q} \, d\Gamma$$

with $\mathbf{M}^\alpha$ given as

$$\mathbf{M}^\alpha = \sigma : \varepsilon_{aux}^\alpha \mathbf{I} - \sigma \cdot \left(\frac{\partial \mathbf{u}}{\partial \mathbf{x}} \right)_{aux}^\alpha - \sigma_{aux}^\alpha \cdot \frac{\partial \mathbf{u}}{\partial \mathbf{x}}.$$

The subscript *aux* represents three auxiliary pure Mode I, Mode II, and Mode III crack-tip fields for $\alpha = I, II, III$, respectively. Γ is a contour that lies in the normal plane at position s along the crack front, beginning on the bottom crack surface and ending on the top surface (see Figure 2.16.2–1). The $\Gamma \to 0$ limit indicates that Γ shrinks onto the crack tip.

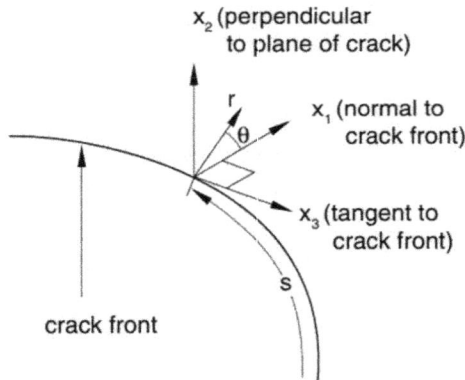

Figure 2.16.2–1 Definition of local orthogonal Cartesian coordinates at the point s on the crack front; the crack is in the x_1–x_3 plane.

Following the domain integral procedure used in Abaqus/Standard for calculating the J-integral, we define an interaction integral for a virtual crack advance λ (s):

$$\bar{J}_{int}^{\alpha} = \int_{L} J_{int}^{\alpha}(s)\lambda(s)ds = \int_{A} \lambda(s)\mathbf{n} \cdot \mathbf{M}^{\alpha} \cdot \mathbf{q}dA ,$$

Where L denotes the crack front under consideration; dA is a surface element on a vanishingly small tubular surface enclosing the crack tip (i.e., $dA=ds.d\Gamma$); n is the outward normal to dA; and $\mathbf{q}$ is the local direction of virtual crack propagation. The integral $\bar{J}_{int}^{\alpha}$ can be calculated by the same domain integral method as that used for calculating the J-integral. To obtain at each node set P along the crack front line, λ is discretized with the same interpolation functions as those used in the finite elements along the crack front

$$\lambda(s) = N^{Q}(s)\lambda^{Q} ,$$

where $\lambda^{Q} = 1$ at the node set P and all other λ^{Q} are zero. The result is substituted into the expression for $\bar{J}_{int}^{\alpha}$. Finally, the interaction integral value at each node setPalong the crack front can be calculated as

$$J_{int}^{\alpha P} = \bar{J}_{int}^{\alpha P} / \int_{L} N^{P} ds.$$

Références

[1] Irwin G.R. Analysis of stresses and strains near the end of a crack traversing a plate, Journal of Applied Mechanics 1957; 24: 361–36.

[2] Duprat D. Fatigue et mécanique de la rupture des pièces en alliage léger. Technique de l'ingénieur ; BM 5 052.

[3] Westergaard H.M. Stresses at a crack, size of the crack and the bending of reinforced concrete, Proc. American Concrete Institute 1934; 30: 93-102.

[4] Sneddon I.E. The Distribution of Stress in the Neighbourhood of a Crack in an Elastic Solid, Proc. R. Soc. Lond. A. 1946, 187: 229-260.

[5] Williams M.L. On the stress distribution at the base of a stationary crack, ASME Trans. J Appl. Mech. 1957; 24:109-114.

[6] H. Tada, P. C. Paris and G. R. Irwin: The Stress Analysis of Cracks Handbook, 2nd ed., Paris Productions, Inc., St. Louis, 1985.

[7] Griffith A.A. The phenomena of rupture and flow in Solids, Philosophical Transactions of the Royal Society of London. Series A, Containing papers of a Mathematical or Physical Character 1921; 221:163-198.

[8] Griffith A.A. The theory of rupture. First International Congress of Applied Mechanics 1924; Delpht.

[9] Orowan E. Fracture and strength of solids. Reports on Progress in Physics XII, 1948: 185–232.

[10] Raju I.S., Newman J.C. Jr. Three dimensional finite element analysis of finite- thickness fracture specimens. National Aeronautics and Space Administration, Washington 1977.

[11] Raju I. S., Newman J.C. Jr. Stress intensity factors for a wide range of semi-elliptical surface cracks in finite-thickness plates. Engineering Fracture Mechanics 1979; 11:817-829.

[12] Tavares S.M.O., Moreira P.M.G.P., Pastrama S.D., de Castro P.M.S.T. Stress intensity factors by numerical evaluation in cracked structures. 11th Portuguese Conference on Fracture, Lisbon (Caparica), February 13-15, 2008.

[13] Couroneau N., Royer J. Simplified model for the fatigue growth analysis of surface cracks in round bars under mode I. Int. J. Fatigue 1998; 20(10):711-718.

184

[14] Couroneau N., Royer J. Simplifying hypotheses for the fatigue growth analysis of surface cracks in round bars. Computers and Structures 2000;77:381-389.

[15] de Morais A.B. Calculation of Stress intensity factors by force methods. Engineering Fracture Mechanics 2007; 74:739-750.

[16] Guinea G.V., Planas J., Elices M. K_I evaluation by the displacement extrapolation technique. Engineering Fracture mechanics 2000; 66: 243-255.

[17] Lin X.B., Smith R.A. Finite element modelling of fatigue crack growth of surface cracked plates, Part I: the numerical technique. Engineering Fracture Mechanics 1999; 63: 503-522.

[18] Lin X.B., Smith R.A. Finite element modelling of fatigue crack growth of surface cracked plates, Part I: crack shape change. Engineering Fracture Mechanics 1999; 63: 523-540.

[19] Lin X.B., Smith R.A. Finite element modelling of fatigue crack growth of surface cracked plates, Part III: Stress intensity factor and fatigue crack growth life. Engineering Fracture Mechanics 1999; 63: 541-556.

[20] Barsoum R.S. Application of quadratic isoparametric finite elements in linear fracture mechanics. Int. J. of Fracture 1974:10.

[21] Henshell R.D., Shaw K.G. Crack tip finite elements are unnecessary. Int. J. for numerical methods in Engineering 1975; 9:495-507.

[22] Irwin G.R. Plastic zone near a crack and fracture toughness, Proc. Seventh Sagamore Conf. 1960: 4-63.

[23] Dixon J.R., Pook L.P. Stress intensity Factors calculated generally by the Finite Element technique. Nature 1969; 224: 166-7.

[24] Hellen T.K. On the method of virtual crack extension. Int. J. Numer. Methods Engng. 1975; 9:187-207.

[25] Parks D.M. A stiffness derivative finite element technique for determination of crack tip stress intensity factors. Int. J.Fract. 1974;10: 487-502.

[26] Barati E., Alizadeh Y., Mohandesi J.A. J-integral evaluation of austenitic-martensitic functionally graded steel in plates weakened by U-notches. Engineering Fracture Mechanics 2010; 77: 3341-3358.

[27] Courtin S. Propagation de fissures de fatigue dans une géométrie de gorge de vilebrequin en présence de contraintes résiduelles de galetage. Thèse de doctorat. Poitiers: Ensma, 2004.

[28] Courtin S., Gardin C., Bézine G., Ben Hadj Hamouda H. Advantages of the J-integral approach for calculating stress intensity factors when using the commercial finite element software ABAQUS. Engineering Fracture Mechanics 2005; 72: 2174-2185.

[29] Carter B.J., Wawrzynek A., Ingraffea A.R. Universal crack closure integral for SIF estimation. Engineering Fracture Mechanics 1998; 60 (2):133-146.

[30] de Oliveira Miranda A. C., Meggiolaro M.A., Martha L.F., Tupiassù Pinho de Castro J. Stress intensity factor predictions: Comparison and round-off error. Computational Materials Science 2012; 53:354-358.

[31] Rice J.R. A path independent integral and the approximate analysis of strain concentrations by notches and cracks. Journal of Applied Mechanics 1968; 35: 376-386.

[32] Moran B, Shih CF. A general treatment of crack tip contour integrals. International Journal of Fracture 1987; 35: 295-310.

[33] Moran B., Shih C.F. Energy release rate along a three dimensional crack front in a thermally stressed body. International Journal of Fracture 1986; 30: 79-102.

[34] Owen DRJ, J. FA. Engineering fracture of Mechanics: Numerical methods and application. Pineridge press Ltd., Swansea, U.K., 1983.

[35] Lu J. Fatigue des alliages ferreux – Définition et diagrammes. Technique de l'ingénieur ; BM5 042.

[36] Paris P., Gomez M., Anderson W. A rational analytic theory of fatigue. Trends Eng 13 1961: 9-14

[37] Paris P, Erdogan F. A critical analysis of crack propagation law. J Basic Eng Trans ASME 1963: 528-534

[38] Pearson S. Initiation of fatigue cracks in commercial aluminium alloys and the subsequent propagation of very short cracks. Engineering fracture Mechanics 1975; 7: 235-247.

[39] Frost N.E., Dixon J.R. A theory of Fatigue crack growth. International Journal of Fracture Mechanics December 1967; 3 (4): 301-316.

[40] Suresh S., Ritchie R.O. Propagation of short fatigue cracks. Int. Metal Rev 1984; 29: 445-476.

[41] McEvily A.J. On the growth of small/short fatigue cracks. JSME Int J 1989; 32: 181-191.

[42] Minakawa K., Newman J.C. and McEvily A.J. A critical study of the crack closure effect on near-threshold fatigue crack growth. Fat. Engng Mat. Struct. 1983; 6 (4): 359-365.

[43] Breat J.L., Mudry F. and Pineau A. Short crack propagation and closure effects in A508 steel. Fat. Engng Mat. Struct.1983; 6(4): 349-358.

[44] Petit J., Mendez J., Berata W., Legendre L. and Müller C. Influence of the environment on the propagation of short fatigue cracks in a Titanium Alloy. ESIS STP13, Proc. Short Fatigue cracks. Mechanical Engineering Publications, London, 1992: 235–250.

[45] Petit J. Influence of environment on small fatigue crack growth. Small fatigue Cracks: Mechanics, Mechanisms and Applications Elsevier Pub. 1999: 167-178.

[46] Chapetti M.D. Fatigue propagation threshold of short cracks under constant amplitude loading. Int. J. of Fatigue.2003; 25: 1319-1326.

[47] Santus C., Taylor D.: Physically short crack propagation in metals during high cycle fatigue. Int. J. of Fatigue. 2009; 31: 1356-1365.

[48] Petit J, Zeghloul A. The behaviour of short fatigue crack. EGF Publications, London, 1986, 1 :163-177.

[49] U. Krupp, O. Duber, H.-J. Christ, B. Kunkler, P. Koster, C.-P. Fritzen: Propagation mechanisms of microstructurally short cracks—Factors governing the transition from short- to long-crack behaviour. Mat. Sc. and Engng. A 2007; 462: 174-177.

[50] Taylor D., Knott J.F. Fatigue crack propagation behaviour of short cracks - the effect of microstructure. Fatigue of Engineering Materials and Structures 1981; 4(2): 147-155.

[51] Elber W. Fatigue crack closure under cyclique tension. Engineering Fracture Mechanics 1970; 1:163-178.

[52] Suresh S., Zaminski G.F., Ritchie R.O. Oxide-Induced Crack Closure: An Explanation for Near-Threshold Corrosion Fatigue Crack Growth Behaviour. Metallurgical Transactions 1981; 12A:1435-1443.

[53] Gray G.T, Williams J.C., Thompson A.W. Roughness-Induced Crack Closure: An Explanation for Microstructurally Sensitive Fatigue Crack Growth. Metallurgical Transactions A, February 1983; 14: 421-433.

[54] Rice J.R. Mathematical Analysis in the Mechanics of Fracture, chapter 3 of Fracture: an Advanced Treatise. Academic Press New York, 1968; 2: 191-311

[55] Rice J.R. The mechanics of crack tip deformation and extension by fatigue. Fatigue crack propagation. ASTM STP 415 1967: 247-309.

[56] McClung RC. Crack closure and plastic zone size in fatigue. Fatigue Fracture Engineering Materials Structure 1991; 41 (4): 455-468.

[57] Elber W. The significance of fatigue crack closure. In: Damage tolerance in aircraft structures. ASTM STP. 486 1971: 230-242.

[58] Walker N., Beevers C.J. A fatigue crack closure mechanism in titanium. Fat of Engng. Mat and Struct. 1979; 1(1):135-148.

[59] Solanki K., Daniewicz S.R., Newman Jr J.C. Finite element analysis of plasticity-induced fatigue crack closure: an overview. Engineering Fracture Mechanics 2004; 71: 149–171.

[60] Antunes F.V., Rodrigues D.M., Numerical simulation of plasticity induced crack closure: Identification and discussion of parameters. Engineering Fracture Mechanics 2008; 75: 3101–3120.

[61] Toribio J., Kharin V. Plasticity-induced crack closure: A contribution to the debate. European Journal of Mechanics A/Solids 2011; 30: 105-112.

[62] Newman Jr J.C. Finite element analysis of fatigue crack propagation-including the effects of crack closure. Ph.D. thesis, VPI 1 SU. Blacksburg, VA, 1974.

[63] Newman Jr J.C. A finite-element analysis of fatigue crack closure. ASTM STP 590 1976: 281–301.

[64] Chermahini R.G, Shivakumar K.N., Newman Jr, Blom A.F. Three dimensional aspect of plasticity induced fatigue crack closure. Engineering Fracture Mechanics 1989; 34 (2):393-401.

[65] Chermahini R.G., Palmberg B., Blom A.F.. Fatigue crack growth and closure of semicircular and semielliptical surface flaws. Int J. of Fatigue 1993;15:259–63.

[66] de Matos P.F.P. , Nowell D. Numerical simulation of plasticity-induced fatigue crack closure with emphasis on the crack growth scheme: 2D and 3D analyses. Engineering Fracture Mechanics 2008; 75: 2087–2114.

[67] Sarzosa D.F.B., Godefroid B.L., Ruggieri C. Fatigue crack growth assessments in welded components including crack closure effects: Experiments and 3-D numerical modelling. International Journal of Fatigue 2013; 47: 279–291.

[68] Antunes F.V., Rodrigues D.M., Branco R., An analytical model of plasticity induced crack closure. Procedia Engineering 2010; 2: 1005-1014.

[69] Simandjuntak S., Alizadeh H., Pavier M.J., Smith D.J. Fatigue crack closure of a corner crack: A comparison of experimental results with finite element predictions. International Journal of Fatigue 2005; 27: 914–919.

[70] Alizadeh H., Simandjuntak S., Smith D., Pavier M. Prediction of fatigue crack growth rates using crack closure finite element analysis. International Journal of Fatigue 2007; 29: 1711–1715.

[71] Gonzalez-Herrera A., Zapatero J. Influence of minimum element size to determine crack closure stress by the finite element method. Engineering Fracture Mechanics 2005; 72: 337–355.

[72] Gonzalez-Herrera A., Zapatero J. Tri-dimensional numerical modelling of plasticity induced fatigue crack closure. Engineering Fracture Mechanics 2008; 75: 4513–4528.

[73] Alizadeh H., Hills D.A, de Matos P.F.P., Nowell D., Pavier M.J., Paynter R.J., Smith D.J., Simandjuntak S. A comparison of two and three-dimensional analyses of fatigue crack closure. International Journal of Fatigue 29 2007; 29: 222–231.

[74] Branco R, Antunes F.V., Martins R.F. Modelling fatigue crack propagation in CT specimens. Fatigue & Fracture of Engineering Materials & Structures 2008; 31(6): 452 – 465.

[75] Branco R, Rodrigues D.M., Antunes F.V. Influence of through-thickness crack shape on plasticity induced. Fatigue & Fracture of Engineering Materials & Structures 2008; 31 (2): 209-220.

[76] Branco R., Antunes F.V. Finite element modelling and analysis of crack shape evolution in mode-I fatigue Middle Cracked Tension specimens. Engineering Fracture Mechanics 2008; 75: 3020–3037.

[77] Simandjuntak S., Alizadeh H., Smith D.J., Pavier M.J. Three dimensional finite element prediction of crack closure and fatigue crack growth rate for a corner crack. International Journal of Fatigue 2006; 28: 335–345.

[78] Dougherty J.D., Padovan J., Srivatsan T.S. Fatigue crack propagation and closure behaviour of modified 1071 steel: Finite element study. Engineering Fracture Mechanics 1997; 56 (2):189-212.

189

[79] Park S.-J., Earnme Y.-Y., Song J.-H. Determination of the most appropriate mesh size for 2D finite element analysis of fatigue crack closure behaviour. Fatigue Fracture Engineering Materials Structure 1997; 20 (4):533-545.

[80] Roychowdhury S., Dodds R.H. Three dimensional effect on fatigue crack closure in small scale yielding regime – a finite element study. Fatigue Fracture Engineering Materials Structure 2003; 26: 663-673.

[81] McClung R.C, Thacker B.H., Roy S. Finite element visualization of fatigue crack closure in plane stress and plane strain. International Journal of Fracture 1991; 50(1): 27-49.

[82] McClung R.C. On the finite element analysis of fatigue crack closure - 1. Basic modelling issues. Engineering Fracture Mechanics 1989; 33 (2): 237-252.

[83] McClung R.C. On the finite element analysis of fatigue crack closure – 2. Numerical results. Engineering Fracture Mechanics 1989; 33 (2): 253-272.

[84] Solanki K.N. Two and three-dimensional finite element analysis of plasticity induced crack closure- a comprehensive parametric study. MS thesis, Department of Mechanical Engineering, Mississipi State University, 2002.

[85] Skinner J.D., Danieiwicz S.R. Simulation of plasticity-induced fatigue crack closure in part-through cracked geometries using finite element analysis. Engineering Fracture Mechanics 202; 69:1-11.

[86] Newman Jr J.C. A crack opening stress equation for fatigue crack growth. International journal of Fracture 1984; 24: 131-135.

[87] Newman Jr J.C., Ruschau J.J. The stress level effect on fatigue- crack growth under constant-amplitude loading. International Journal of Fatigue 2007; 29: 1608-1615.

[88] Dugdale D.S. Yielding of Steel Sheets containing Slits. Journal of the mechanics and physics of Solids 1960; 8 (2): 100-104.

[89] Newman Jr J.C. A crack closure model for predicting fatigue crack growth under aircraft spectrum loadings. Methods and Models for predicting fatigue crack growth under random loading, ASTM STP, 1981; 748: 53-84.

[90] Liu J., Du P., Liu X., Du Q. Modelling of Fatigue crack growth Closure considering the Integrative Effect of Cyclic Stress Ratio, Specimen Thickness and Poisson's Ratio. Chinese Journal of Mechanical Engineering 2012.

[91] Huang X.P., Torgeir M., Cui W.C. An engineering model of fatigue crack growth under variable amplitude loading. Int. J. of fatigue 2008; 30 (1): 2-10.

[92] Codrington J., Kotousov A. A crack closure model of fatigue crack growth in plates of finite thickness under small-scale yielding conditions. Mechanics of Materials 2009; 41(2): 165-173.

[93] Lê Minh B., Maitournam M.H., Doquet V. A cyclic steady-state method for fatigue crack propagation: Evaluation of plasticity-induced crack closure in 3D. International Journal of Solids and Structures 2012; 49: 2301–2313.

[94] Amazigo J.C., Hutchinson J.W. Crack-tip fields in steady crack growth with linear strain-hardening. Journal of the mechanics and physics of Solids 1977; 25: 81-97.

[95] Nguyen Q.S., Rahimian M. Mouvement permanent d'une fissure en milieu elastoplastique. Journal of Mechanics and applications 1981; 5: 95-120.

[96] Roe K., Siegmund T., An irreversible cohesive zone model for interface fatigue crack growth simulation. Engineering fracture Mechanics 2003; 70 (2): 209-232.

[97] Bouvard J., Chaboche J., Feyel F., Gallerneau F. A cohesive zone model for fatigue and creep-fatigue crack growth in single crystal superalloys. International Journal of Fatigue 2009; 31 (5): 868-879.

[98] de Matos P.F.P., D. Nowell D. On the accurate assessment of crack opening and closing stresses in plasticity-induced fatigue crack closure problems. Engineering Fracture Mechanics 2007 74: 1579–1601.

[99] Borrego L.P., Antunes F.V., Costa J.D., Ferreira J.M. Numerical simulation of plasticity induced crack closure under overloads and high–low blocks. Engineering Fracture Mechanics 2012; 95: 57–71.

[100] Zhang J.Z., Bowen P. On the finite element simulation of three-dimensional semi-circular fatigue crack growth and closure. Engineering Fracture Mechanics 1998; 60:341-360.

[101] Skinner J.D. Finite element analysis of plasticity-induced fatigue crack closure in three-dimensional cracked geometries. MS thesis, Department of Mechanical Engineering, Mississippi State University, 2001.

[102] ABAQUS 6.9-2. Abaqus Analysis User's Manual vol.5/Part IX: Interactions/ Contact Formulations and Numerical Methods/ Contact formulations and numerical methods in Abaqus/Standard/ Choosing the master and slave roles in a two-surface contact pair.

[103] ABAQUS 6.9-2. Abaqus Analysis User's Manual vol.5/Part IX: Interactions/ Contact Formulations and Numerical Methods/ Contact formulations and numerical methods in Abaqus/Standard/ Discretization of contact pair surfaces/Choosing a contact discretization.

[104] Dill H., Saff C.R. Spectrum crack growth prediction method based on crack surface displacement and contact analyses. ASTM STP 595 1976; 306-319.

[105] Sehitoglu H., Sun W. Modelling of plane strain fatigue crack closure. Journal of Engineering Materials and Technologies 1991; 113: 31-40.

[106] Sun W., Sehitoglu H. Residual stress fields during fatigue crack growth. Fatigue Fracture Engineering Materials Structure 1992; 15 (2): 115-128.

[107] Wu J., Ellyin F. A study of fatigue crack closure by elastic-plastic finite element analysis for constant-amplitude loading. International Journal of Fracture 1996; 82: 43-65.

[108] Wei L.W., James M.N. A study of fatigue crack closure in polycarbonate CT specimens. Engineering Fracture Mechanics 2000; 66: 223-242.

[109] Kikukawa M., Jono M., Mikami S. Fatigue crack propagation and crack closure behaviour under stationary vary loading-test results of Aluminium alloy. Journal of Society on Materials 1982; 31: 438-487.

[110] Bueckner H.F. A novel principle for the computation of stress intensity factors. Journal of Applied Mathematics and Mechanics 1970; 50:529–45.

[111] Pommier S. A study of the relationship between variable level fatigue crack growth and the cyclic behaviour of steel. International Journal of Fatigue 2001; 23 (1): 111-118.

[112] Vor K. Etude expérimentale et modélisation numérique de la fermeture de fissures longues et courtes dans un acier inoxydable 304L. Thèse ENSMA, Poitiers 2009.

[113] Chea P. Etude numérique de la fermeture de fissures dans un acier inoxydable 304L, Stage de Master ENSMA, Poitiers 2010.

[114] Lemaitre J, Chaboche J.L. Mécanique des matériaux solides. Paris, 2001.

[115] Vor K., Gardin C., Sarrazin-Baudoux C., Petit J. Wake length and loading history effects on crack closure of through-thickness long and short cracks in 304L: Part I – Experiments. Engineering Fracture Mechanics 2013; 99: 266–277.

[116] Vor K., C. Sarrazin-Baudoux C., Gardin C. and Petit J. Wake history effect on closure of short and long fatigue crack in 304L stainless steel. Procedia Engineering 2010; 2: 2327-2336.

[117] Vor K., Gardin C., Sarrazin-Baudoux C., Petit J. Wake length and loading history effects on crack closure of through-thickness long and short cracks in 304L: Part II – 3D numerical simulation. Engineering Fracture Mechanics 2013; 99: 306–323.

[118] Arzaghi M., Gardin C., Chea P., Vor K., Sarrazin-Baudoux C. Modélisation sous Abaqus de la fermeture de fissures courtes dans un acier inoxydable 304L. Congrès Français de Mécanique, Besançon 28 Août – 2 Septembre 2011.

[119] Sbitti A. Propagation des fissures 2D et 3D planes sous chargement thermomécaniques à amplitude variables. Thèse Université Pierre et Marie Curie, Paris 2009.

[120] Camas D., Garcia-Manrique J., Gonzalez-Herrera A. Numerical study of the thickness transition in bi-dimensional specimen cracks. Int. J. of Fatigue 2011; 33: 921-928.

[121] Garcia-Manrique J., Camas D., Lopez-Crespo P., Gonzalez-Herrera A. Stress intensity factor analysis of through thickness effects. Int. J. of Fatigue 2013; 46:58-66.

[122] Camas D., Garcia-Manrique J., Gonzalez-Herrera A. Crack front curvature: Influence and effects on the crack tip fields in bi-dimensional specimens. Int. J. of Fatigue 2012; 44: 41-50.

[123] Fleck N.A. Finite element analysis of plasticity induced crack closure under plane strain condition. Engineering Fracture Mechanics 1986; 25 (4): 441-449.

[124] Zoran Ilievski, Boundary element method (BEM), Technische Universiteit Eindhoven, 2006.

[125] Bellis C. Méthode des Eléments de Frontière Accélérée en Mécanique de la Rupture 3D. Master 2 Mathématiques et Applications, Laboratoire Jacques-Louis Lions, Université Pierre et Marie Curie 2008.

[126] Wanderlingh A.I. Technical Note: Comparison of boundary element and finite element methods for linear stress analysis - technical program results. Engineering Analysis 1986; 3 (3): 177-180.

[127] Danson D., Brebbia C.A. and Adey R.A. The BEASY System. Adv. Eng. Software 1982; 4(2): 68-74.

[128] Neves A.C., Adey R.A., Baynham W., Niku S.M. Automatic 3D Crack Growth using BEASY. Computational Mechanics BEASY, Ashurst Lodge, Ashurst, Southampton, SO40 7AA, U.K.

[129] Moes N., Dolbow J. and Belytschko T. A Finite element Method for crack growth without remeshing. International Journal for numerical methods in engineering 1999; 46: 131-150.

[130] Bayesteh H., Mohammadi S. XFEM fracture analysis of shells: The effect of crack tip enrichment. Computational Materials Science August–September 2011; 50: 2793-2813.

[131] Laborde P., Pommier J., Renard Y., Salaün M. Méthodes XFEM d'ordre supérieur en mécanique de la rupture. LMO'2002 : 45-57.

[132] Alizada A., Fries T.-P. Simulation of cracks with XFEM and hanging nodes. International Conference on Extended Finite Element Methods – Recent Developments and Applications XFEM 2009.

[133] E.Giner, N.Sukumar, J.E.Tarancon, F.J.Fuenmayor. An Abaqus implementation of the extended finite element method. Engineering Fracture Mechanics 2009; 76:347-368.

[134] Shi J., Chopp D., Lua J., Sukumar N., and Belytschko T. Abaqus Implementation of Extended Finite Element Method Using a Level Set Representation for Three-Dimensional Fatigue Crack Growth and Life Predictions. Engineering Fracture Mechanics 2010; 77 (14): 2840-2863.

[135] Philippe A. Etude de la propagation de fissures dans un noeud MarkIII. Rapport de Projet de Fin d'Etudes 2011 Gaztransport et Technigaz Direction de l'innovation Département Calculs.

[136] Morano J.C.C., Étude sous Code_Aster de la propagation d'une fissure dans une éprouvette CT. Rapport de Projet de Fin d'Etudes 2012. Ecole Nationale Supérieure de Mécanique et d'aérotechnique (ENSMA).

[137] Hou J., Goldstraw M., Maan S. and Knop M. An Evaluation of 3D Crack Growth Using ZENCRACK. Airframes and Engines Division Aeronautical and Maritime Research Laboratory, DSTO-TR-1158 2001.

[138] Maligno A.R., Rajaratnam S., Leen S.B., Williams E.J. A three-dimensional (3D) numerical study of fatigue crack growth using remeshing techniques. Engineering Frature Mechanics 2010; 77: 94-111.

[139] Pommier S. Cyclic plasticity and variable amplitude fatigue. Int. J. of Fatigue 2003; 25(9-11):983-997.

[140] Taleb L., Cailletaud G. Cyclic accumulation of the inelastic strain in the 304L SS under stress control at room temperature: Ratcheting or creep? International Journal of Plasticity 2011,27: 1936–1958.

[141] Standards A-ABoA. Metals test methods and analytical procedures. 1993.

[142] Bazant, Z.P. et Estenssoro L. Surface singularity and crack propagation. Int. J. Solids Structures 1979; 15 : 405-426.

[143] Sevcik M., Hutar P., Zouhar M., Nahlik L. Numerical estimation of the fatigue crack front shape for a specimen with finite thickness. International Journal of fatigue 2012; 39: 75-80.

[144] Pook L.P. Finite element analysis of corner point displacements and stress intensity factors for narrow notches in square sheets and plates. Fatigue Fract. Eng. Mater. Struct. 2000; 23(12): 979-992.

[145] Newman, Jr J.C., Elber W. Mechanics of Fatigue Crack Closure, ASTM STP 982 1988.

[146] Newman J.C. Jr. and Raju I.S. An empirical stress-intensity factor equation for the surface crack. Engineering Fracture Mechanics 1981; 15 (1-2): 185-192.

[147] Yu P., Guo W. An equivalent thickness conception for prediction of surface fatigue crack growth life and shape evolution. Engineering Fracture Mechanics 2012; 93: 65-74.

[148] Hou C.Y. Simultaneous simulation of closure behavior and shape development of fatigue surface cracks. Int. J. of Fatigue 2008; 30: 1036-1046.

[149] Hou C.Y. Simulation of surface crack shape evolution using the finite element technique and considering the crack closure effects. Int. J. of Fatigue 2011; 33: 719-726.

[150] Wu Z. The shape of a surface crack in a plate based on a given stress intensity factor distribution. Int. J. of Pressure Vessels and Piping 2006;83: 168-180.

[151] Davis B.R., Wawrzynek P.A., Ingraffea A.R. 3-D simulation of arbitrary crack growth using an energy based formulation – Part I: Planar growth. Engineering Fracture Mechanics 2014; 115:204-220.

[152] ABAQUS 6.9-2. Abaqus Theory Manual/Procedures/Fracture Mechanics/*J-integral evaluations* and *Stress intensity factor extraction*.

[153] ABAQUS 6.9-2. Abaqus Analysis User's Manual vol.2/Part IV: Analysis Techniques/Special Purpose Techniques/Fracture Mechanics/Contour Integral Evaluation.

[154] Shih C.F, Asaro R.J. Elastic-Plastic Analysis of Cracks on Bimaterial Interfaces: Part I-Small Scale Yielding. Journal of Applied Mechanics 1988; 55(2): 299-316.

[155] AFNOR. Association française de Normalisation. Pratique des essais de vitesse de propagation de fissure en fatigue. Juin 1991.

[156] Akamatsu M, Chevalier E. Caractérisation chimique et mécanique de matériaux approvisionnés pour l'étude du comportement en fatigue des aciers inoxydables austénitiques. In : Note technique interne, EDF 2001.

195

[157] Petitjean S. Influence de l'état de surface sur le comportement en fatigue à grande nombre de cycle de l'acier inoxydable 304L. Thèse de doctorat. Poitiers: Université de Poitiers, 2003.

[158] Levenberg, K. A method for the solution of certain nonlinear problems in least squares. Quart. Appl. Math. 1944; 2:164–168.

[159] Marquardt, D. W. An algorithm for least squares estimation of nonlinear parameters. SIAM J. Appl. Math. 1963; 11 (2): 431–441.

[160] Moré J.J. The Levenberg-Marquardt algorithm: Implementation and theory. Numerical Analysis, Lecture Notes in Mathematics 1978; 630: 105-116.

www.ingramcontent.com/pod-product-compliance
Lightning Source LLC
Chambersburg PA
CBHW021047210326
41598CB00016B/1126